人格心理学

关于自我与人性的95个心理学常识

何沐 著

中国纺织出版社有限公司

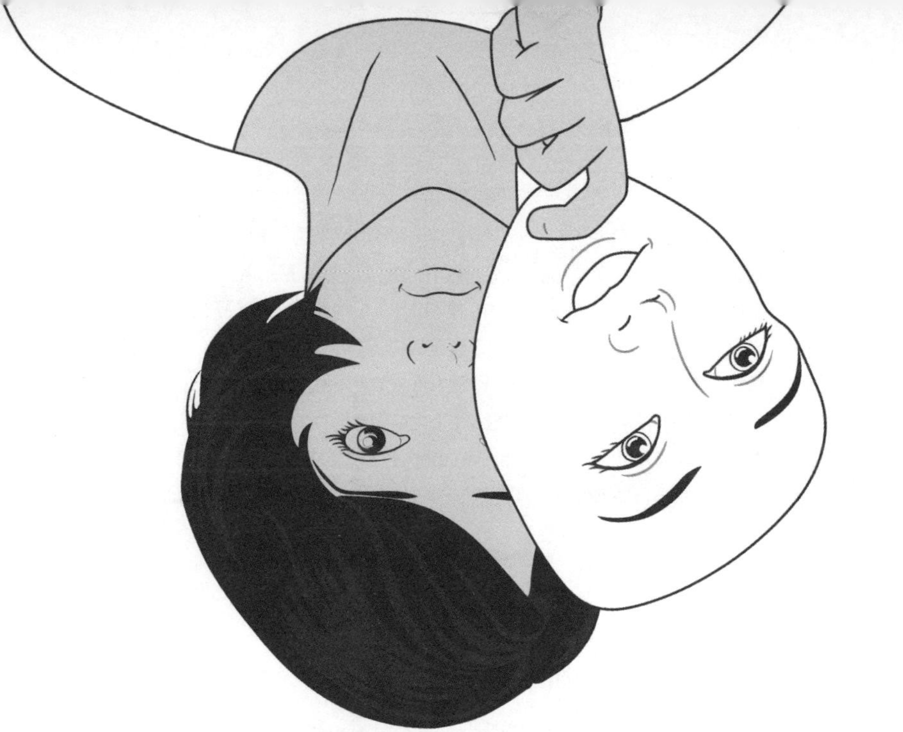

内容提要

对"自我"的探索是人类永恒的谜题之一。其实，我们每个人都有许多"自我"，我们都是由不同的人格构成的。那些被忽略的、有关键小侧面，其实不同的人格陪伴着我们。所以我们应该学习、工作、恋爱、有儿女，有共同的人生任务，他们陪伴着我们的测验自己的感受与来抚慰我们，但同光闪为非我们感受的影响。某些人格持质必会导致我们产生不良的区对模式，来书将在选中的案例，介绍了13种人格特质的特征与应对方式，图数本书，有助于读者们认识自己，也有助于我们去理解自己的家属，安抚自己的感受，应对工作，生活中的种种难题，活出精彩人生。

图书在版编目（CIP）数据

人格心理学：关于自我与人性的95个心理学常识 / 向煜著 . -- 北京：中国纺织出版社有限公司, 2023.5
ISBN 978-7-5229-0363-7

Ⅰ. ①人... Ⅱ. ①向... Ⅲ. ①人格心理学 Ⅳ.
①B848

中国国家版本馆CIP数据核字（2023）第034305号

责任编辑：闫婷婷　　责任校对：江思飞　　责任印制：储志伟

中国纺织出版社有限公司出版发行
地址：北京市朝阳区百子湾东里A407号楼　邮政编码：100124
销售电话：010—67004422　传真：010—87155801
http://www.c-textilep.com
中国纺织出版社天猫旗舰店
官方微博 http://weibo.com/2119887771
天津千鹤文化传播有限公司印刷　各地新华书店经销
2023年5月第1版第1次印刷
开本：880×1230　1/32　印张：7.5
字数：186千字　定价：55.00元

凡购本书，如有缺页、倒页、脱页，由本社图书销售中心调换

PART 01

探索自我
走近镜子里的陌生人

你休想从镜子里认出自己,
因为那儿只有个陌生人的影子。
——《真理颂》

01 认识自我是一生中优先级最高的事

"我呢？我在哪儿？"

> 有个糊涂的衙役押送罪犯到边疆，每天早晨上路前，他都要清点重要的东西——摸摸包袱，告诉自己"包袱在"；摸摸罪犯的官府文书，告诉自己"文书在"；再摸摸罪犯身上的绳索，说"罪犯在"；最后再摸摸自己的头，说"我也在"。一连多日，衙役都在重复这个过程。
>
> 罪犯留意到了衙役的习惯，就想到了一个逃跑的妙计。晚上吃饭时，罪犯不停地给衙役劝酒，衙役喝得不省人事。罪犯用刀解开了身上的绳子，又将其系在衙役身上，就跑掉了。
>
> 第二天早上，衙役醒来，又像往常一样清点东西："包袱在""文书在"，但是"绳索呢？"衙役有点儿着急，当他看到自己身上的绳索时，瞬间松了口气："噢，罪犯也在。"紧接着，衙役又紧张起来，他喊道："我呢？我哪儿去了？"

衙役的愚蠢令人啼笑皆非，可是笑话背后隐藏的深意，你读出来了吗？

（1）我们真的认识自己吗？

（2）我们眼中的自己是真实的自己吗？

认识自己，在心理学上称为自我知觉，是指人们对自己的需要、动机、态度、情感等心理状态以及人格特点的感知和判断。一个人越了解自己，就越有力量；反之，则会处处受限。在这些年的心理咨询工作中，我切身感受到许多来访者的困惑都和"不认识自己"有关：

——"我不知道自己为什么总是不快乐，体会不到成就感。"

——"我不明白自己为什么会一次又一次地被渣男欺骗。"

——"我不清楚自己为什么总是惶恐不安，稍有风吹草动就很紧张。"

——"我不晓得自己为什么总是习惯性地讨好他人，生怕别人不喜欢自己。"

很多时候，我们以为自己知道自己行为的原因是什么，但许多行为的原因我们并不知道。

如周国平先生所说："认识自己，过去的一切都有了解释，未来的一切都有了方向。而一个不认识自己的人就像无头的苍蝇，怎么都飞不准、飞不高、飞不远。一个人，真正的见地，从来不在于读过多少的书，走过多长的路，而是对自我的认知。"

认识自我是一件很难的事，没有谁能够做到时时刻刻反省自己，也不可能总是把自己放在局外人的位置来观察自己。我们更习惯于借助外界的信息来认识自己，而外部的环境又是复杂多变、极度不稳定的，这就使我们在认识自我的时候，很容易受到外界信息的干扰或暗示，从而无法正确地认识自己。

想要真正地认识自己,需要经常认真地自省和反思,了解自己的本性及其变化;还要参考他人的态度和评价,在听完他人的意见后,对自己进行分析。我们永远不能把自己的脑子交给别人,一定要保持清醒独立的思考。同时,还要多学习和了解心理学知识,透过行为表象去探究内在的自我,因为潜意识往往比我们更了解自己。

02 我们以为的自己,并非唯一的自己

比利有没有撒谎?

1977年,美国发生了一件颇具争议又很神奇的事件:在美国俄亥俄州立大学犯下三宗抢劫罪和强奸罪的嫌疑人比利·密里根被警方逮捕,但在审讯的过程中,比利对于自己犯下的罪行,竟然没有任何的记忆,且表述也不存在破绽。

那么,比利有没有撒谎呢?他是演技"炸裂",还是真的无辜?

真相令很多人瞠目结舌:经过心理专家的评估,比利患有多重人格障碍,他的体内一共存在24种人格!这些人

格在年龄、性格、智力、国籍上都不一样,甚至连语言和性别都存在差异。犯下此案的是比利自己完全不了解且没有觉知到的一个女同性恋人格。

权威的精神科医生对比利进行了7个月的密切观察和治疗后,提交了长达9页的诊断报告,确诊比利是多重人格障碍患者。最终,比利获判无罪,被强制转往精神病院。

听闻比利的案件后,你可能也会觉得不可思议:世界上竟然还有这样的人、这样的事情?

人的复杂之处,就在于思维、情感与行为之间经常会出现不一致的情况。正因为此,我们才有必要学习和了解人格心理学,这对于自我完善、心理疗愈、理解他人,乃至提升洞察力、实现安全有效社交,都有积极而重要的意义。

比利患有多重人格障碍,这是他与常人最大的区别,但这并不意味着,常人就不会出现和比利相似的状况。比如:在情绪冲动的时候,你可能也会做一件平时根本不会做的事情。事情过后,你还会觉得"这完全不像是我的行事作风"。然而,不是你做的,又是谁呢?答案就和比利不认识的那个女同性恋人格一样——我们心中那些并不认识的自己!

每一个人心中都存在着多个不同的自我,我们以为的"自己"也并不是唯一的自己。在心理层面上,"我"是由多个不同性格的人组成的"自己",同时存在着多个子人格。

我们可以主动地把人格"分裂"为十几甚至几十个不同的

"自我"（子人格），并借助一些方法发现自己心中潜藏的"自我"，与之进行对话，使多个子人格和谐共存。然而，患有心理障碍的比利，他的子人格是自发分裂开的，完全不受控制，他也没有办法将这些"子人格"进行整合。

如果可以隐约觉察到自己身上不同的"自我"，并且能够在一定程度上支配他们，就不会让人格分裂得太严重，也较少会出现心理问题；反之，如果不同的"自我"之间严重分裂，无法受控和整合，就会逐渐走向分裂的极端。

03 抛开理想化自我，你还喜欢自己吗

爱喝酒的修女

酒鬼刚走到酒吧门口，就被一个修女拦住，告诉他酒是罪恶和毁灭的根源。

酒鬼不屑一顾："你怎么知道喝酒不好？"修女没有回答。

酒鬼又问，"你从来没喝过酒吗？"

"没有。"修女答道。

"那我们一起进去，我请你喝一杯，你会知道酒不是

坏东西！"

修女想了想，说："好吧！只是我这样进去的话，容易引起误会。这样吧，你进去之后帮我要一杯就好，记住要用纸杯。"

走进酒吧后，酒鬼对侍者说："给我两杯威士忌，一杯用纸杯。"

侍者嘟囔着："准是那个修女又在外面！"

在现实生活中，我们只承认有一个唯一的"我"，但在潜意识里并不是这样。有些情感和想法之间是矛盾的、难以共存的，潜意识就会把它们分到不同的组。久而久之，这些不同的心理经验，就会成为不同的"自我"。当不同的"自我"产生的相互排斥的想法或欲望出现在意识中时，我们的内心就会产生冲突，继而产生矛盾的行为。

回顾上面的故事，你一定看得出来，其实那个修女是很喜欢喝酒的，只是碍于自身的社会角色，怕饮酒的行为遭受他人的批评，所以才选择了迂回策略——不进入酒吧，故意用纸杯喝酒。这一行为是为了维系一个理想化的修女形象。

心理学家卡伦·霍尼提出过一个理论：当儿童担心自己不被父母或他人认可时，就会产生强烈的焦虑与不安。于是，他们会在幻想中创造出一个他们认为的、父母喜欢的"自我"，来缓解这种焦虑。这个假想自我通常是完美的，优秀、聪慧、美丽、懂事。然后，他们会极力地维持幻想中的形象，害怕别人看到幻想背后真实的自己。

现实生活中，为了化解内心冲突带来的不适感，人也会选择自我调节，而自我调节的方法之一，就是理想化形象。《纽约客》曾经刊登过一幅漫画：一个肥胖的女人站在镜子面前，镜子里映射出来的却是一个身材曼妙的美女。胖女人不愿意面对身材超重的现实，于是就把自己理想化成一个苗条的女郎，以缓解内心的矛盾。

理想化是一种自我防御机制，其本质是为自己创造一种"就是"，或者在彼时彼刻"觉得是"或"应该是"的形象。自己喜欢什么，所创造的形象就能提供什么，并且无限放大什么，但这些全都是假象。因为无法接纳自己的真实形象，才会创造一个理想化的形象；理想化形象的出现，貌似能补偿个体对自己真实形象的不满，可最终的结果却是，让人更加无法容忍真实的自己，更加蔑视自我、厌恶自我，产生更强烈的心理冲突。

04 为什么弗洛伊德说人有"三个我"

"我氏"三兄弟

城堡里住着"我氏"三兄弟，他们分别是本我、自我和超我。

本我年龄最小，懵懂无知，调皮任性，想到什么就去做，不计后果；自我是老二，聪明懂事且务实；超我是老大，把父母和老师的话当成真理，是个典型的好孩子，时刻监督两个弟弟的言行举止，对他们的要求甚是严格。

超我和本我的关系总是很紧张，超我看不惯本我的任意妄为，时刻看管着他；本我讨厌超我的约束，但也不敢太放肆，多半都是忍着，谁让他是老大呢？夹在中间的自我，日子也不好过，经常是左右为难，给兄弟两个人做调节工作。

城堡附近有一片西瓜地，炎炎夏日，正是吃瓜的好时节。

本我："附近的西瓜长得真好，咱们去摘几个吧？"

超我："不行！父母和老师告诫过我们，偷窃是不道德的行为！"

本我看了看身边的自我，不承想自我也附和着说："嗯，确实不应该这么做。"

本我有点儿失望，谁知自我偷偷地给他使了一个眼色。原来，对于本我的提议，自我也有点儿心动。只不过，他考虑的是：白天去摘西瓜，万一被人看见就麻烦了。

很快，夜幕降临了。大哥超我早早睡下，而本我和自我却偷偷地溜出城堡，跑到西瓜地里大吃一通，临走时还带回去一个准备给大哥尝尝。

第二天,超我看到西瓜后,先是惊愕,随后又恍然:"你……你们,竟然真的去偷了!"虽然不是自己偷的,可毕竟是自己的弟弟,超我既痛心又自责,特别内疚,他说:"你们怎么能真的这样做呢?"

本我觉得很委屈,辩驳说:"这怎么了?早知道就不给你带回来了。"

超我很生气:"你……你竟然还不知错?"

见此情景,自我连忙走上前,对超我说:"大哥,我们知道错了,以后再也不会这么做了,你原谅我们吧!"看到自我态度诚恳,一向容易妥协的超我不忍再责备,只好摆摆手说:"算了,就这样吧,以后千万别再这么做了!"此事就这样过去了。

人的内心犹如一座房子,本我、自我和超我是这座房子的主人,也是弗洛伊德所说的人格的三个层面。

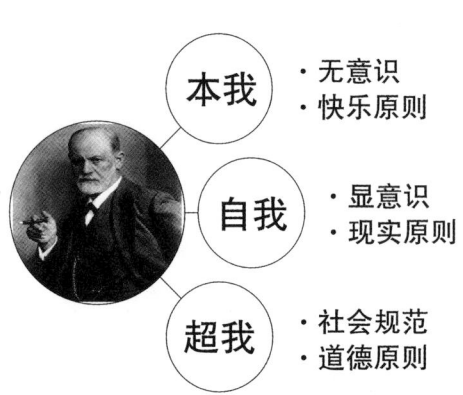

○ **本我**

本我，是无意识中的本能，由各种冲动和欲望构成，是人格的生物面，即自然的我，一个客观存在的物体。本我只注重感受，忽略理性和理想，遵循快乐原则。

○ **自我**

自我，是自我意识，指个体对自己存在状态的认知，是人格的心理面，即感觉中的我，未必是真实的。自我注重得失，会进行利益考量，遵循现实原则。

○ **超我**

超我，是本我的反面，是道德化的自我，是人格的社会面，即感觉自己应该成为的我。超我鄙视本我，通过修行、惩罚来战胜本我；同时监视自我，以防自我过于现实而损害道德。超我是理想性的、精神性的，遵从道德原则。

本我、自我和超我构成了完整的人格，人的一切心理活动都可以从"三个我"之间的联系中得到合理的解释。唯有"三个我"和谐一致，才能实现心灵喜乐、生活有序、生命丰盈。当人格的三个层面产生冲突时，就会出现诸多的心理问题和行为问题：

（1）只顾及本我，忽略自我和超我 → 放纵自我 → 游戏成瘾。

（2）只顾及自我，忽略本我和超我 → 精于算计 → 被害妄想。

（3）只顾及超我，忽略本我和自我 → 过度压抑 → 道德焦虑。

（4）只有本我和自我，忽略超我 → 庸庸碌碌 → 空虚失落。

（5）只有本我和超我，忽略自我 → 不顾现实 → 冲动行事。

（6）只有自我和超我，忽略本我 → 消极被动 → 形同走肉。

现在，让我们回到开篇的故事中，你觉得"自我"说的话可信吗？他和本我真的不会再犯类似的错误了吗？显然是不可能的！在往后的日子里，本我还是会不时地冒出各种"想法"，而自我也会时时跟着他，避免他闯下更大的祸；至于大哥超我，他还是会经常训斥和教育两个弟弟，并为他们的所作所为黯然叹息。

很多时候，我们之所以会感觉"累"，恰恰是因为"自我"未能协调好"超我"与"本我"的关系。想要减少内心的冲突，提升和完善"自我"是必经之路。所以，从这一角度来说，我真的要恭喜正在阅读本书的你，因为你已经踏上了这条破茧而出的路。

05 戴上"人格面具"究竟是好是坏

好小伙布朗的悲剧

故事发生在新英格兰的塞勒姆镇，主人公布朗是一个善良、虔诚的清教徒。

受到好奇心的驱使，布朗不得不向新婚的妻子告别，去赴与魔鬼的神秘约会。一路上，他纠结犹豫，却又无力抗拒强大的诱惑。当他踏进黑暗森林后，惊讶地看见了许多他平日里最敬重和爱慕的人——德高望重的牧师、威严的总督、虔诚的老妪、名门淑女，甚至还有他的祖父、父母和妻子，他们也来赴魔鬼之约。

这样的情景让布朗备受打击。惊愕之中，布朗向天祈祷，等他醒来时发现自己身处宁静的夜晚之中，孤独无助。第二天，布朗回到了塞勒姆镇，但他和过去判若两人。布朗失去了所有的信仰，"人人都有隐秘之罪"的想法在他心中生根发芽，他变得沉默寡言，与周围的人日渐疏远。在沮丧和郁郁寡欢的折磨之下，好小伙布朗最终悲惨孤独地死去。

《好小伙布朗》是霍桑短篇小说的代表作，多年来被评论家们从多方面进行过解读和阐释，其中也包括人格的视角。有人指出，布朗的悲惨命运是因为他过分热衷和沉迷于人格面具，而他的人格面具又没有平衡好自我本性与外界社会之间的关系。

什么是人格面具呢？这是瑞士心理学家卡尔·荣格提出的概念。

荣格认为：人格是由人格面具构成的，每个人都有许多不同的人格面具，在不同的社交场合人们会戴上不同的面具、表现出不同的形象，以适应不同的情境。他说："人格最外层的人格面具掩盖了真我，使人格成为一种假象，按着别人的期望行事，故同他的真正人格并不一致。人可靠面具协调人与社会之间的关系，决定一个人以什么形象在社会上露面。"

回想一下：你和伴侣相处的时候，是怎样的一种状态？你和领导相处的时候，又是怎样的一种状态？毋庸置疑，与他们相处的人都是"你"，可你认为，那是"同一个你"吗？

从某种意义上来说，成长就是不断形成人格面具的过程。人格面具多，证明分化得好，但这不是心理健康的唯一条件。除了分化以外，整合也很重要。如果人格面具之间都是疏离的，人格就会支离破碎；如果人格面具之间都是对立的，内心就会不断地产生冲突。所以，无论是心理咨询还是心理治疗，都是对人格面具进行整合。

好小伙布朗的悲剧，就与人格发展受阻有关。他给周围人的印象是善良、虔诚，这也是他的社会面具。可是，这个面具不能代表完整的他，只是其人格的一部分。当他受到诱惑的驱使时，听从了内心本能的召唤，决定要赴魔鬼之约。

从心理学意义上说，这是布朗的自我探索之旅。荣格认为，阴影的原型通常被投射为魔鬼角色，它代表着人类潜意识里最黑暗、最危险的部分。如果布朗敢于正视和承认人格中的阴影部分，他就完成了心灵上的成熟。

遗憾的是，布朗过分热衷和沉湎于自己所扮演的角色——虔诚、正直、善良的好小伙，排斥内心的阴影，只好将其投射到了其他人的身上。最后，在他的眼里，全世界都充满了罪恶，唯有他是虔诚的道德楷模。

这种众人皆恶我独善的习惯性投射行为，对于个体而言通常是毁灭性的，就如荣格所说："投射的后果是主体与周围环境日渐对立，只留下一种虚幻的联系……这种投射行为愈频繁，自我与周围环境愈格格不入,自我愈难分辨现实与虚幻。"

布朗为了维护完美纯善的好人面具,拼命压抑自己的潜意识,掩盖自己的本性,努力成为符合社会要求的"好小伙"。这个虚假僵硬的面具戴久了,让布朗完全沉浸于其中,排斥任何与"好小伙"面具不相符的人格特质。这一心理折射在生活中,使得布朗无法容忍别人道德上的瑕疵,更无法宽恕那些有罪的人。

任何事物都有两面性,人格面具也如此。在不同的情境下使用不同的人格面具,有助于建立融洽的人际关系,顺利进行社会交往;但放弃自我本质而不顾,过分沉迷于某一"好的"人格面具,不敢正视"阴影",就会逐渐地迷失自我。

06 是什么决定了你和自己的关系

> **泰勒是谁?**
>
> 电影《搏击俱乐部》中有这样一处情节:男主人公杰克无法忍受朋友泰勒的偏激行为,决定疏远泰勒。可是,让他不解的是,每走到一处,他都被认为是泰勒,还被尊为教父。备受困扰的杰克开始反思:我到底是谁?泰勒又是谁?

> 最终，杰克惊恐地发现：他和"泰勒"是同一个人！

心理专家朱建军老师有一本著作名为《你有几个自己》，主要讲解的是人格意象分解技术，即通过分析人格，找出一个人心中不同的子人格的方法。运用这个技术，我们可以更好地了解自我、完善自我，促进心灵的成长。

电影里的"杰克"和"泰勒"，其实就是一个人的两个不同子人格：杰克是一个有中年危机的人，他痛恨自己的生活以及周围的一切，可是又无法摆脱这样的生活；泰勒是一个带着浓烈的叛逆气息，周身充满残酷和暴烈的行动力量的痞子英雄。

最初杰克被泰勒身上的特质吸引，到后来他发现自己难以忍受泰勒的偏激行为，继而决定要除掉泰勒。这个过程体现的，就是内在子人格发生冲突、相互纠缠的过程。

<u>内在子人格之间的关系，决定了一个人与自己的关系；一个人与自己的关系，又决定了他和外部世界的关系。如果子人格之间的关系是相互喜欢且融洽的，人就不需要过多地压抑自己，可以活得真实、灵动；相反，如果子人格之间相互排斥、厌恶，或是充满了恐惧和蔑视，人的内心就会产生冲突。当一个人有心理矛盾时，往往就意味着他的子人格之间有矛盾。</u>

《蛤蟆先生去看心理医生》中的主人公蛤蟆是一名抑郁症患者，他深陷沮丧、无助和悲伤之中，总是不由自主地讨好别人，当别人欺负他、轻视他、批评他的时候，他也不敢表达愤怒。他痛恨自己的软弱，看不到自身存在的价值。在朋友的督促下，他

找到咨询师苍鹭寻求帮助。苍鹭没有直接告诉蛤蟆该怎样过好人生，而是带领蛤蟆往蛤蟆的内心深处走去。

在追溯童年经历时，蛤蟆看到自己童年不被关爱的创伤，看到自己仍然以儿时讨好父母的方式和周围人相处，看到自己的内心存在着一个渴望爱的、无助的"儿童自我状态"，还存在着一个严厉批评自己的、让自己始终得不到肯定的"父母自我状态"。

苍鹭提醒蛤蟆："没有一种批判比自我批判更强烈，也没有一个法官比我们自己更严苛。"随着咨询的深入，蛤蟆终于意识到：其实，外面根本没有"别人"，只有他"自己"；那个一直在批评他、贬低他的人，也是他自己。

在蛤蟆的内心世界里，"儿童自我状态"与"父母自我状态"就是两个不同的子人格，一个是胆小、无助、习惯讨好的人格，也就是我们常说的"内在小孩"；另一个是严肃、苛刻、喜欢指责的人格，这个人格是父母对待蛤蟆的方式内化而成的。与别人相处时，"儿童子人格"让蛤蟆不自觉地呈现讨好模式，而"父母子人格"又不停地贬低蛤蟆，让他觉得自己一无是处。这两个子人格之间，重复着蛤蟆早年和父母的关系模式。

<u>认识了内在的子人格，意味着增加了对自己的了解；改善相互矛盾的子人格间的关系，意味着心理矛盾得到了化解，对自我的接纳程度得到了提升。</u>

当蛤蟆看清"内在小孩"和"内在父母"两个子人格后，他便可以跳出原来的思维与行为模式，不完全听信于"内在父母"的指责，也可以安抚"内在小孩"的无助。如此一来，他在现实生活中就不会因为他人一句无心的话而怀疑自己、贬低自己了。

是不是子人格之间相互喜欢，完全没有冲突，就是最好的状态呢？

答案并非如此，朱建军老师解释说："假设有些子人格的行为是社会不能容纳的，而其他的子人格却都接受了它，甚至还很喜欢它，那么，虽然这个人内心没有冲突，但他整个人和社会之间产生了矛盾，他将难以适应社会。"

每一个子人格都是我们的一部分，我们无法将其消除，也不必去消除。因为每一个子人格都是一种资源，只要用对地方，都能给我们带来益处。比如：在执行一项重要的计划时，我们需要"严格的父母"提醒我们谨慎、专注、精益求精，力求把事情做得更好；在和挚友、伴侣相处时，我们也需要"内在小孩"展示出童真、脆弱的一面，这样才能够在无助时获得他们的支持和安慰，而不是硬撑着去独自面对一切。

PART 02

生而不同
人格洞察与自我成长

只有那不理解黑暗的人才会恐惧夜晚,
通过理解你内在的黑暗、夜晚玄秘,
你会变得简单。

——《红书》

07 人生是童年经历的强迫性重复吗

是谁在嫌弃松子？

童年时期的松子，总觉得父亲不喜欢自己，把所有的关注和温情都给了患病的妹妹。松子渴望自己也能像妹妹一样得到父亲的爱，所以她一直努力满足父亲的期待。偶然的一次，她朝父亲做了一个鬼脸，把父亲逗笑了。自那以后，这个"鬼脸"就成了松子的招牌表情，而那份透着卑微的讨好也成了她后来在工作和爱情中的主旋律。

在当老师时，她因袒护偷窃的学生被开除，无颜面对父亲的她选择了离家。往后的日子里，她不断地寻找爱，为对方付出所有，哪怕是违背自己的意愿，甚至是触碰底线，她也在所不辞。她原本有赚钱的能力，也有过好生活的可能，可她却把所有的精力都用在寻找被爱上了。卑微得像尘埃一样的她，一次次地遇到渣男，一次次遭遇背叛和伤害。受尽了身心折磨的松子，像疯婆子一样独自生活在黑暗邋遢的小屋里。

直到有一天，松子在幻想中看到了妹妹，替妹妹剪了新发型。她突然醒悟，觉得自己的人生还有希望。当她迈着蹒跚的步子走出家门后,却被一群熊孩子用棍子打死了。就这样,松子结束了她悲哀又坎坷的一生,连死都显得如此荒诞和随意。

故事来自《被嫌弃的松子的一生》,松子一生似乎都在被嫌弃:童年时期被父亲"嫌弃",恋爱后不断遭渣男的"嫌弃"……很多人看过影片后都不禁想到一句话:"幸运的人一生都被童年治愈,不幸的人一生都在治愈童年。"这句话的潜台词就是,如果不是父亲忽视了松子,未能给予她应有的关爱,松子就不会离家出走,更不会造就她如此悲惨的一生。

这样的说法不无道理,因为一个人的人格是在早年经历中与重要他人互动时形成的。

松子童年时期未能得到父亲的关注,使她觉得自己不值得被爱,不值得被认真对待,从而在潜意识里产生了一种"不配得感",逐渐形成低自尊的"讨好型人格"。

心理学上有一个常见的现象叫作"强迫性重复",意指我们会不知不觉地在人际关系尤其是亲密关系当中,不断重复童年时期印象最深刻的创伤,或是创伤发生时的情境。除非遭遇重大事件迫使我们改变,通常情况下没有人会主动去修复它们。人格的改变基本都是在现实压力下被动发生的,或是主动寻求心理治疗而发生的。

过去的心理创伤,在亲密关系的互动中最常浮现——以前没有得到的满足,现在总想加倍得到。松子早年感觉自己不值得被爱，这一根植于心的信念使她在成年后不断地制造不被爱的机会——选择那些不会善待自己、没有爱人能力的异性，重复着早年的创伤体验。现实中有些女性童年时经常遭到父亲的殴打，她们很可能会在亲密关系中选择一个同样有暴力倾向的男人，这都属于强迫性重复。

原生家庭对人格的负面影响，或许可以被称为原罪，但它注定会谱写出悲惨的结局吗？显然不是这样的。若真如此，心理治疗就丧失了意义，个人的成长也无从谈起了。

松子的童年没有得到渴望中的关注，但不代表父亲不爱她——父亲对她寄予厚望，在她离家后一直等她回来。他给予先天患病的小女儿更多关注，是因为不知道她还能够活多久。同时对于小女儿无法像正常人一样生活，他感到压抑和愧疚。另一个事实是妹妹也很爱松子，甚至还很羡慕松子，因为松子可以正常地恋爱、工作，而这一切距离她很遥远。

可怜的松子，没有机会与身边人沟通这些，也未能看到事情的另外一面。她陷在强迫性重复的怪圈里，向那些把她视为人生过客的渣男们索取关爱，屡次被抛弃、被伤害。事实上，松子是一个美丽又优秀的女子，她有赚钱养活自己的能力，也可以选择更好的人生，遗憾的是她没有跳出原生家庭的桎梏，像蝴蝶一样破茧而出。

松子没有机会让人生重新来过了，她的生命永远定格在了故事的末尾。我们比她幸运，因为我们还有选择。正如阿德勒所说："我们总是会遇到无数我们无法克服的难题与障碍，但这一切，并不能成为你自卑下去的理由。没有人能够长久忍受自卑情结的侵扰，还会因无法承担内心的压力而走上极端，只有克服自卑，让自己强大起来，才会成为真正的强者。"

世上不存在完美的原生家庭，每个人也必然会受到原生家庭的影响，但它不是主宰命运的根本。当我们学会向前看，依靠自己的爱和力量去弥补童年的缺失，而不再拼命向外去寻找的时候，就走出了原生家庭的桎梏，成为自我人生的主宰。

改变的前提是了解——看清自己身上具有哪些人格特质，又是哪一种人格特质占据着主导位置，影响着你的情绪、感受和行为。至于观察人格的方法，正是我们下面要谈的内容。

08
情绪洞察：你敢喜怒哀乐形于色吗

微笑的"假面"

正在读高中的男孩小H，给人一种有教养和礼貌的感觉。每每见到外人，他都会露出一副笑容可掬的表情。可是，如果多见几次面，用心观察，人们就会发现小H的笑容有点儿"假"，少了些许真诚和情感，更像是一张用石膏打造的僵硬面具。

回到家里，小H便会摘下微笑的"假面"，变身成一

> 个让父母都感到恐惧的"恶魔"。他经常在狂怒中威胁父亲，声称要烧掉家里的房子。原来，小H的父亲有家庭暴力的行为，总是无预警地暴怒并殴打他的母亲，他从小就不得不用乖巧的笑容来安慰母亲。

人格不同于智力，无法进行标准化的测量。况且，人格中最重要的信息也不是通过测量获得的，而是来自观察。或许你在生活中也碰到过类似小H这样的人，或是笑容僵硬，或是似笑非笑，或是带着笑意和无所谓的表情讲述悲伤的故事……透过一个人的表情、眼神等身体语言，我们可以读出一些和人格有关的信息。

如果一个人在相对良好的环境中成长起来，他的心理也会比较健康，敢于真实地呈现出自己的喜怒哀乐。如果在成长的过程中，长期浸润在某种不良的氛围中，或是需要以某种情绪去迎合他人，就会出现表情肌僵化的情况，失去转换表情的能力，形成"面具脸"；如果生活在长期没有情感回应的家庭里，就会形成"扑克脸"，像扑克一样情感冷漠、面无表情。

无论是"面具脸"还是"扑克脸"，都是情感压抑和隔离的状态，需要关注，也需要警惕。这类人可能对自己的情绪缺少觉察力，也缺少共情能力，易暴怒并做出冲动行为。

09 行为洞察：你用怎样的方式表达感受

"暴食"之痛

蒋静和妈妈相依为命，当年爸爸抛弃了她们母女，这件事给蒋静的妈妈带来了巨大的打击。妈妈希望让蒋静完全按照自己所想的方式来过人生，以避免和自己一样的命运。于是，蒋静就承载起了妈妈所有的期待和希望，从小到大几乎都是按照妈妈的要求过活——练习钢琴，获得过许多大奖，不惜让手指出茧甚至流血；要穿白色连衣裙，保持端庄淑女的姿态……大到人生抉择，小到穿衣装扮，蒋静没有任何选择权和决策权，有的只是无条件执行。

一旦蒋静不遵守妈妈的命令和要求，妈妈就会大发雷霆，甚至对蒋静动手，而后又感到懊悔，声泪俱下地说："我这么做都是为你好……"就这样过了十几年，成年后的蒋静，渐渐开始出现一些反常的行为：她在感到焦虑和愤怒的时候，会躲起来暴饮暴食。暴食之后，又会憎恨自己没有控制力，由于害怕发胖，她就以抠吐的方式来缓解这种不适，找回心理平衡。

在观察个体的人格时，行为是一个重要的折射面。上述案例来自电视剧《女心理师》，困扰来访者蒋静最主要的行为问题就是暴食，在感到紧张焦虑时疯狂地、不受控地摄入食物，吃过之后又出现懊悔和自责的心理，继而进行抠吐。

透过蒋静的成长经历，我们不难看出：她的暴食行为源自心理障碍，而这个心理障碍的根源，是她无法在现实层面和精神层面摆脱母亲的控制。换言之，母亲对她长期以来的控制已经内化成了她人格的一部分，这个"控制型人格"占据主导位置，让她在任何时刻都不敢表露真实的情绪和感受，无处释放自己的焦虑、抑郁和痛苦，就只能借助暴食来获得短暂性的安慰和解脱。

人在年幼时期言语表达能力有限，且有些家庭环境不允许表达愤怒、悲伤、沮丧等负面情绪，认为愤怒是缺少教养、悲伤是太过软弱、沮丧是没有出息等。长此以往，这些情感就被压抑了，与这些情感相关的人格特质也失去了出场的机会。

情绪情感是一种能量，不会凭空消失，一旦被压制得不到宣泄，就会以另外的形式呈现，最常见的就是强迫性行为。所谓的强迫性行为，是指在理智层面知道无用，甚至对自己和他人有害，却无法控制的行为。简言之，就是"我知道……可我做不到"，如拖延、酗酒、吸烟、暴食、赌博、购物成瘾等，这些行为的内驱力就是为了宣泄和平复情绪，可惜效用都是暂时的，若没有替代性的情绪宣泄方式，就会不断地往复循环。

一个成年人能否用语言正确地表达自己的情绪，折射着他的人格水平。无论是那些情绪上来就暴怒砸物的人，还是感到焦虑就会暴食的人，心中都积压着难以言说的情绪。正是因为这些情绪积压到了一定的程度，才诱发了像河流决堤一样的病态行为。

心理创伤的本质，就是情绪郁结成疾；而心理治疗的本质，就是促使来访者将他们意识到的情绪情感用语言表达出来，再协助他们将被理智和道德压制在潜意识里的情绪情感也用语言表达出来，创伤因此得到疗愈，行为模式从而获得矫正。

10 — 信念洞察：你思考问题的方式合理吗

隐藏脆弱

> 欧阳菁在一家知名的大企业就职，每天早晨起来，尽管头脑还因为前一天的加班而发晕，可她临出门前，还是会对着镜子勉强地挤出一个微笑。她暗示自己说："我必须精神饱满，我必须展示出自信和坚强。"
>
> 遇到了挫折和失败，欧阳菁也会装作满不在乎，她始终把自己最干练、最坚强的一面展示出来，她总在暗示自己："我不能哭，不能流露出脆弱，我必须坚强，要勇敢，要扛住……"
>
> 当听到别人说"你真是个坚强的女人""我真的很佩服你，我就做不到"时，欧阳菁会感觉内心有一种优越感、成

> 就感。可是，离开人群、躲在家里的她，却感觉自己像一只"病猫"，躺在沙发上动弹不得。当然，第二天她还会一如既往地出现在人前，装作什么事也没有。她心里始终觉得，情绪低落是不好的，脆弱是会被人看不起的。

人的情绪与思维模式、信念有关，同一件事，不同的人有不同的看法，会产生不同的情绪反应。一旦有了不合理的信念，就会滋生负面情绪。就像《蛤蟆先生去看心理医生》里咨询师苍鹭对蛤蟆所说的那样："一切的关键就在于那是'人生坐标'。一旦我们在童年决定用哪种态度和观点，我们就会在随后的人生里始终坚持自己的选择。这些态度和观点，变成我们存在的底层架构。从那以后，我们便建构出一个世界，不断确认和支持这些信念和预期。"

想要调节心理矛盾，就要修正负面情绪背后隐藏的不合理信念。

什么是不合理信念呢？简单来说，就是以扭曲、消极的方式进行思考。

欧阳菁把自己逼到精疲力尽，却还装作若无其事，正是因为她内心存在不合理的信念：情绪低落是不好的，脆弱是会被人看不起的。事实上，每个人都会有情绪低落的时候，在体力不支、精力枯竭的时候，示弱并不是无能，而是对自我感受的尊重，也是对身体的善待。

美国心理学艾利斯在研究人们的不合理信念时，将不合理信念归纳为以下3类。

1. 绝对化要求

绝对化要求，是指个人以自我为中心，眼里只能看到自己的目的和欲望，对事物发生或不发生怀有确定的信念，而忽略了现实性。

生活中许多人存在这样的想法："我对你好，你就应该对我好！你得按照我的想法和喜好来行事，否则我就会不高兴，也难以接受和适应。"实际上，这就是绝对化要求，有理想化甚至一厢情愿的意味。人们陷入这样的执念中，就很容易滋生负面情绪。

要知道，每一个客观事物都有其自身的发展规律，不可能以个人的意志为转移。周围的人或事物的表现和发展，也不可能依照我们的喜好和意愿来变化。

2. 过分化概括

过分化概括，是指以某一件或某几件事情来评价自身或他人的整体价值，是一种以偏概全的不合理思维方式。

有些人遭遇了一次失败，就认为自己"一无是处""什么也做不好"，这种片面的自我否定通常会导致自责自罪、自卑自弃的心理，同时引发抑郁、焦虑等情绪。一旦把这种评价转向他人，就会一味地指责别人，对他人产生愤怒和敌意。

3. 糟糕至极

糟糕至极，是指把事物的可能后果主观想象、推论到十分可怕、糟糕的境地，认为某件不好的事情一定会发生，并导致灾难性的后果，从而产生担忧、恐惧、自责和羞愧的心理。

有些人在一次体检中发现自己的血脂有点儿高，就变得心神不宁，上网搜索高血脂会引发的问题，想到自己得了这些病会如何，将来该怎么办，爱人会不会嫌弃自己，自己的病会不会拖累孩子……结果，越想越害怕。

我们要尝试去看到事物的其他可能性，最坏的结果有可能发生，但最好的结果和其他的结果同样也可能发生，最坏的结果只占很小的概率罢了。同时，我们也不能低估自己的应对能力，很多时候我们的身体和生命的韧性，远比想象中要强大。

我们内心的冲突和痛苦，不仅是因为负面事件本身，更大程度上取决于我们如何去思考它、解读它。如果能够将理性思维运用于情绪控制中，对缓解心理冲突将很有大帮助，也可以有效地减少人格障碍的发生。

11 躯体洞察：你了解疾病背后的心理诉求吗

查不出来的"病"

上个月S到一家综合医院就诊，她告诉医生自己总感觉胸闷心悸、呼吸不畅，还有头痛的症状。经过一系列的

> 检查，医生并没有发现S有患身体疾病的迹象。医生说，她的身体完全正常，无器质性病变。
>
> S不相信医生的诊断，近期又预约了另一家医院来做检查，可结果还是一样。尽管医生说得很清楚，可S还是反复强调她真的胸闷、头痛，这些症状和书上的某类疾病是一模一样的。最后，医生给了S一个建议，让她去看心理科或精神科，说可能是"心因性疾病"。

心因性疾病是由精神或心理因素而引起，临床上表现为神经或神经系统为主的一组综合征。这类病最大的特点就是，检查不出人体器质性的变化，症状和客观体征不相符。简单来说，就是由心理问题引起的躯体化表现。

人格问题会引起身体疾病，而身体疾病又折射着人格层面的心理问题。据临床数据显示，慢性疼痛患者抑郁症发生率约为30%；A型人格者容易患高血压和冠心病，他们有强烈的成就动机，易躁易怒，长时间处于紧张焦虑的状态，极易导致心脑血管受累。

从进化的角度来看，躯体化也是一种低级的情绪情感表达方式。

人在3岁以前，语言表达能力尚不发达，需求和情绪常常通过躯体疾病来表现。如果一个婴幼儿经常生病，除了喂养方面的因素，大都和家庭关系有关，尤其是母亲的情绪。如果家庭关系紧张或是发生了重大事件，家里弥漫的负面情绪氛围会影响到婴幼儿，他们也会通过身体疾病的方式折射出家庭状态和妈妈的情绪状态。

如果说躯体化是婴幼儿式的低级情绪表达方式，那么成年之后的我们，是否就可以不再用这种方式去表达了呢？很遗憾，事实并非如此。

长大之后的我们，碍于道德、责任、尊严等因素，对许多心理层面的需求难以启齿。躯体化的出现是以退行的方式提醒我们，要关注内在的感受和欲求。疾病不是敌人，而是潜意识的信使，不能只想着对抗它、消灭它，而是要探寻它背后的心理诉求。只有潜意识里的需求得到了正向的回应，躯体化才会离开，因为它完成了自己的使命。

12 关系洞察：你与人相处的不适感从何而来

"我不能被别人讨厌"

上小学时，我被同学孤立，回家后跟爸妈说，希望他们能安慰我，为我撑腰。可是，我爸跟我说："退一步海阔天空。"我妈跟我说："咱家没钱，千万别在外面惹事，咱赔不起。"我心里还是很委屈，但也知道了跟爸妈说是没用的，只能自己忍着。

我就这样一直当乖孩子，有问题也不沟通，只在父母面前展示好的方面。只有这样，我才能听到他们夸我，那样我很开心。后来上了大学，参加工作，我也希望自己各方面都能得到别人的肯定和夸奖，所以但凡别人找我帮忙，我都不会拒绝。有时，虽然我也觉得为难，可为了不被孤立和排挤，为了得到对方的一句"你真好"，我会压抑自己的想法和感受。

上面的内心独白，是否已经让你读出了"讨好型人格"的味道？

不夸张地说，人格的核心就是人际关系的状态，无论是情绪、行为、信念还是躯体化，都和人际关系息息相关，甚至可以说是由人际关系问题衍生来的。

有些人隐藏真实的情绪，喜怒哀乐不敢表现在脸上，是因为内心的脆弱之地不想被人看见；有些人以暴怒的方式表达不满，是因为在早年的关系互动中，他们的情感需求没有被看见，也未能得到恰当的、正确的回应；有些人自我价值感低，认为优秀才值得被爱，是因为在成长的过程中所得到的爱都是有条件的；有些人无法向亲近的人表达出内心压抑的感受，只好借由身体去承担一部分，以患病的方式来排解……你看，哪一个脱离了人际关系？

多数行为背后的动机都是为了和他人建立关系,并在关系中表达诉求。只不过,有些行为结果是"滋养"了关系,有些行为结果是"伤害"了关系。人格问题的实质是心理问题,而心理问题的实质是人际关系问题。一个人的社会适应能力,以及与他人交往的能力,直接折射着他的心理状态和人格水平;我们在关系中受到的创伤,最终还是要在关系中才能疗愈。

13 人格特质只有不同,没有优劣好坏之分

畸形的"强大"

晓涵的父母都是某中学的教师,很重视她的学习。晓涵刚满5岁,父母就让她提前进入小学,自那以后直至21岁,晓涵无时无刻不在父母的监督之下学习。她没有朋友,没有爱好,没有娱乐,每天早上5点钟起床,晚上11点钟休息,几乎所有醒着的时间都投注于学习。

像学习狂人一样的晓涵,一时显得非常"强大"。她成绩优秀,顺利地考上了大学,并获得了硕博连读的通知书。可是,在接到通知书之前,她却精神失常了……

大到宇宙，小到个体，都需要保持一种平衡。晓涵的精神失常，并不是偶然，而是物极必反的结果。在她生活的21年里，始终戴着同一个人格面具，积极、自律、认真学习的"好学生""好孩子"的子人格，主宰着她的一切。至于其他的子人格，全都被压制了。

　　趋乐避苦是人的本能，谁都会有孤单无助的时刻，渴望拥有朋友、享受生活和自由，当这些需求以及与之相关的子人格长期被压制，不被看见、不允许表达，人们内心的世界就会失衡，严重到一定程度，精神就彻底崩溃了。

　　我们的内心世界中都有一些较强的、积极的子人格，或者说人格特质，他们的存在对我们是有利的，比如：自恋的人格特质，是对自我存在的肯定。当这一子人格出场时，无论外界对自己的评价如何，内在的自我始终都相信自己是有价值的。

　　自恋的人格特质有益处，但不意味着自卑的人格特质就是无用的。自卑，可以让人冷静地分析自身的不足，也可以带给人提升自我的动力。如果只允许自恋的人格特质出场，过分压制自卑的人格特质，就可能会发展成自恋型人格障碍：认为自己比周围的人都完美，强迫别人认可自己，无根据地夸大自己的才干，认为自己的想法很独特，应当享有他人没有的特权。

　　人格特质本身没有好坏之分，没有必要排斥或压抑任何一个人格面具，无论它是不是自己喜欢的。每个面具（或人格特质）都有存在的理由，也有适用的情境，懂得恰当地利用，都可以给我们带来益处，这也是人格健全的表现。只有当某一人格面具（或人格特质）过于明显或过于固化，无法适应不同的情况，让自己或他人（或两者）难以忍受时，其才会成为一种障碍，而我们真正要关注和警惕的是这一倾向。

当我们能够剖析自己的人格特质，觉察到令自己或身边人感到困扰的根源，识别出被压抑的人格面具（或子人格），接纳他们的存在，不再排斥或回避，知晓他们只对某些特定的情境做出反应时，我们会减少许多不必要的内心冲突和痛苦，改善思考问题、处理问题的行为模式，获得心智上的成长，实现与自我的和谐相处。

在识别人格特质、剖析自我的过程中，我们也能间接地学会洞悉他人，知晓不同人格类型的人思考和处事方式的差异，给予对方理解与尊重，并根据对方的人格特质采取不同的应对方式，与之更好地相处。

14 人格成长的历程：从自我接纳到自我认同

生命之树

故事发生在20世纪50年代的美国中西部，主人公是11岁的男孩杰克。他有一个严厉粗暴的父亲，对儿子们期望很高，相信野心和斗争是成功的正途，认为儿子们必须靠这种方式赢得世界；同时，他也有一个宽容善良的母亲，毕生都在为别人考虑，将善待每一个人作为自己的人生信条。父亲和母亲都希望杰克能顺从自己，处在矛盾之中的他只能依靠自己的力量去协调这两种相悖的思想。

在目睹了饥饿、痛苦和死亡之后，杰克的心理受到了创伤，他开始渐渐迷失自我。成年后的杰克，生活得并不顺利，他像一只无头苍蝇那样游走于社会中。他希望能改变这个社会的面貌和他人的想法，可到头来都只是幻想。

最后，杰克开始调整思考自己的人生轨迹，重新面对自己童年的经历。他开始站在不同的视角去看待父亲、家庭、童年，并且深刻地认识到，他的认知起点就来自自己的家庭，而他已经准备好了去原谅自己的父亲，并开始自己人生的新征程。

故事来自电影《生命之树》，它讲述的不仅仅是一个家庭故事，更是一个人认识自我、正视过往，最终走出原生家庭的桎梏、与自己和解的心路历程。

人的成长过程，就是不断了解自我、提升自我、完善自我的过程。人格的形成，既有先天遗传的作用，也有后天成长经历的影响。虽然人格具有独特的、相对稳定的行为模式，但它并不是僵固的、无法改变的。每个人的人格或多或少都存在一些不完善之处，但也正因为万物皆有裂痕，才给了光照进来的可能。

在人生最初的十几年里，先天遗传对人格的形成发挥着主导作用，但随着年龄的增长，后天培养的人格因素则更为重要。换言之，人格就是个体适应环境的一种行为方式，我们完全可以通过有意识地培养和努力，完善自己的人格。

提到人格完善和内在成长，你可能会想到下面的一些问题。

1.如何完善自身的人格，走上心智成熟之旅

美国心理学家罗杰斯认为，每个人都有两个自我，即现实自我与理想自我。前者是个人在现实生活中获得的真实感觉，后者则是个人"应当是"或"必须是"等的理想状态。只有当现实自我和理想自我达到结合的时候，人才能达到真正的自我实现。人格的成长在于充分实现理想自我与现实自我之间的和谐，而两者之间的冲突会导致人的心理失常和不协调。

2.如何判断自己是否获得了人格层面的成长

当我们实现了人格层面的成长之后，在面对和以往同样的问题时，会以全新的视角去看待问题，进行积极的思考，灵活地调动自身的资源去解决问题，也会更加开放地接受解决问题的不同结果。与此同时，我们对自己的接纳程度会提升，不再以外在条件去评判自身的价值，无论是自身的优点还是不足，都可以正视并接纳。

如果人格是一棵树，自我接纳就是孕育其成长的土壤，自我认同就是任其伸展的天空。一个人越能接纳自己，就越能为人格的健康成长提供营养；一个人越能认同自己，就越敢于尝试和挑战，让生命实现更多的可能性。

人格的成长是从"自我接纳"走向"自我认同"的过程。如果起点是"自我接纳",这条路走得会相对容易一些;如果起点是"自我拒绝"也没有关系,我们仍然有机会走到"自我认同"的终点,只是需要在中途重新设定一个"自我接纳"的起点。总之,只要你有意愿去改变,人生随时都可以"重新开始"。

15 — 人格障碍的标签,请务必谨慎粘贴

我有人格障碍吗?

> 晓雪是一个秩序感很强的人,家里的物品摆放要整齐,拆封的书本不能折损边角,制订好的计划必须执行到位,有时还会在细枝末节上较劲,似乎什么事情都想做到完美。若是不能如愿,她就会纠结、难受、自我苛责……在咨询室里,晓雪小心翼翼地问咨询师:"我是不是有强迫型人格障碍?"

当一个人主动思考自己是否存在人格障碍的问题时,通常来说他都尚未达到人格障碍的程度;倒是那些行为举止异常,自身却没有觉察,甚至完全不认为自己有问题的人,才是最值得担心的。晓雪的问题在于过分追求完美,而完美的背后是对缺陷的焦

虑，她身上凸显出了焦虑型人格和强迫型人格的特质，但要说人格障碍，还真的谈不上。

在日常生活中，许多人把人格缺陷与人格障碍混淆了，实际上两者有很大的区别。

○ **人格缺陷**

缺陷存在于万事万物之中，没有哪一样东西是完美的，每个人在人格层面都或多或少地存在一些缺陷，这是正常的现象。

人格缺陷是介于人格健全与人格障碍之间的一种状态，可以理解为轻度的人格障碍，可以表现为外显性的不良嗜好，如酗酒、暴食；也可以表现为内隐性的亚健康心理状态，但未达到病态标准，如自卑、敏感、焦虑、抑郁等。

没有人会主动选择人格缺陷，这些缺陷通常都是遗传和成长经历的混合产物。我们不需要对人格缺陷心存芥蒂和抗拒，正因为人格上存在缺陷，才体现出了人的多样性与真实性。对我们而言，只有充分认识人格缺陷、接受人格缺陷，才能够以恰当的方式去完善它。

○ **人格障碍**

如果说人格缺陷体现的是人的多样性与真实性，那么人格障碍体现的则是人的复杂性与可怕性。之所以称为障碍，是因为它已经明显超出了健康的范围，对自我、社会和他人的良性发展会造成极大的负面影响。

人格障碍有严格的诊断标准，学术界根据以往的研究与经验，对人格障碍做出如下定义：明显偏离正常且根深蒂固的行为方式，具有适应不良的性质。人格障碍起病于青年期或幼年期，且具有一定的稳定性。通常来说，时间越久障碍的固着性越强，后续的治疗难度越大。

人格障碍对个体的日常生活有很大影响，且难以自救，他们做出的行为是常人难以理解的，甚至很多时候会背离现实，无缘由地产生伤人或自伤行为。科学研究发现，人格障碍与脑部的病理性变化存在关系，而人格缺陷不涉及病理性原因，多为环境和现实刺激造成的。

《精神障碍诊断与统计手册》（第五版）（简称DSM-5）中列出了10种人格障碍，即边缘型人格障碍、表演型人格障碍、自恋型人格障碍、强迫型人格障碍、偏执型人格障碍、回避型人格障碍、分裂型人格障碍、反社会型人格障碍、分裂样人格障碍、依赖型人格障碍。

简单总结，人格缺陷与人格障碍最本质的区别在于：人格缺陷者有自我觉察和自我反省的能力，能够将自己的行为放在现实情境中进行合理的评判；人格障碍者没有自知力，更不会自省，在他们固有的世界观里，自己的行为应当受到尊重，即便这些行为可能已经严重扭曲，但他们依然沉溺于这种角色的扮演。

后续的章节中会详细介绍常见的人格特质，你可能会从中看到自己或身边人的影子，知晓不同人格者的思考和处事方式的差异，更好地理解自己、尊重他人。同时，也能够了解不同人格特质有可能会产生的不良倾向，采取有效的应对策略，促进自身人格的完善，掌握与不同人格者相处的技巧。

对于不具有普遍性却极具危险性的人格障碍，本书也进行了介绍，目的是让大家能够了解、辨识和闪避严重的人格障碍者设下的危险圈套，保护自己。近两年网络上曝光的江歌案、翟欣欣骗婚、北大女生遭男友精神控制自杀案等事件，都是值得人们警醒的前车之鉴。

PART 03

讨好型人格
成全别人，委屈自己

自由就是被别人讨厌，毫不在意别人的评价，不害怕被别人讨厌，不追求他人认可，如果不付出以上这些代价，那就无法贯彻自己的生活方式。

——《被讨厌的勇气》

16 大岛凪：察言观色的"假笑"女孩

> **内心独白**
>
> 我，多么愚蠢，多么可笑，以为自己卑微地读空气、看脸色，别人就会真正喜欢我、接纳我，我就可以得到幸福。可事实上，我一败涂地。

黑长直发，笑眼弯弯，温柔贴心，待人友善，这是28岁的大岛凪给人的惯常印象。

凪的脸上总是挂着笑意，且很擅长察言观色，氛围稍微有一点尴尬，她就会跳出来打圆场。同事经常把工作丢给凪，她虽不情愿接受，却不知道怎么回绝，只能加班完成；同事的工作出现纰漏，为了平息领导的怒气，凪主动站出来背锅。事后，对方连一句"谢谢"也没说。

为了显得合群，明明带了午饭的凪，还是选择跟同事一起出去吃饭。打卡网红餐厅时，合影里的女同事都很漂亮，只有凪半闭着眼睛，她眼见着同事将照片发在社交平台上，内心极不满意，手却不听使唤地在照片底下点了赞。她以为这样可以换得融洽的关系，不承想同事却在没有她的私聊群里吐槽她、鄙视她、嘲笑她。

如果说凪对生活还有什么希望的话，那就是与她秘密交往着的，那个与她完全相反、善于掌控气氛的精英男友。她那一头长直的黑发，就是因为男友一句"我喜欢你的头发"而打造的，她是天生的"羊毛卷"，每天要趁男友没醒时，偷偷地起来把头发拉直。

男友从未公开承认过他们之间的关系，甚至在和同事闲聊时对凪进行各种嘲讽和挖苦，说她节俭寒酸，和她在一起只是因为性方面比较和谐。站在门外的凪无意间听到了这些话，无法承受精神打击的她，直接晕倒在地。

在医院醒来后，凪感到难过又失望，没有一个人守在她身边，也没有一个人联系她。收到的唯一一条短信，是日料店发来的折扣券。那一刻，凪决定丢掉过去的一切，她卸载了所有的社交软件、辞去工作、离开男友，骑着自行车带着一床被子，来到了乡下开始新生活。

凪满怀期待地在图书馆里为自己规划未来，脑子里却是一片空白。这些年来，她一直活在察言观色中，早已经变成了一个毫无主见的假笑女孩。即使离开了过去的生活环境，她内心畏惧的东西，仍然还在。她每个月都要给家里寄生活费，害怕妈妈吐槽她的"羊毛卷"，不敢告诉妈妈自己真实的境遇，怕被骂没出息。

人生不是换一个地方，插上全新的SIM卡就可以重置，不去寻求内心的底气和支点，逃到天涯海角，也和从前的自己没什么两样。

（这是日剧《凪的新生活》中的桥段，淋漓尽致地呈现出一个讨好型人格者在现实生活中的样子。当然，故事还有后续，我们不妨借助大岛凪的经历，看见人格成长的可能性。）

在乡下居住的这段时间，凪的身边有许多值得欣赏的榜样：捡垃圾被人唾弃的空巢老人绿婆婆，其实有着丰富的精神世界，也有自己不屈服的独立精神；真心喜欢她"羊毛卷"头发的女孩小丽，年纪不大却很有主见和想法，选择和玩得来的孩子做朋友；在工地开着吊车、被一群男人称为领导的小丽妈妈，勤劳积极、独自抚养孩子，却活得肆意潇洒。

在和邻居们相处的过程中，凪慢慢地发现，以真实的样子示人不一定会被嫌恶，能被他人认同自己的一切会充满安全感，而她在去酒吧打工后，也逐渐发现自己可以为喜欢的人创造美好的氛围。走过了这一心路历程后，凪开始有勇气向妈妈的权威发起挑战，说出了自己多年来的感受和此时此刻的决心——

"我一直很讨厌妈妈，比如为了让我产生罪恶感而逼我听话，比如在外面装好人，比如期待我能做到自己做不到的事。我不能为了妈妈而活，我会为了自己而活下去，辜负了你的期待，我很抱歉！"

她开始有力量回击之前总是欺负自己的八卦女同事，并拒绝了总是挖苦嘲讽自己的前男友慎二。至此，凪的新生活正式拉开了帷幕。

17 讨好型人格者的5个典型特征

> 来，做个小测试！

> 下面有一些词语标签，你认为哪些标签比较符合你的性格特点？
>
> 好人，体贴，善良，温柔，暖男，热心，好说话，脾气好。
>
> 态度好，好说话，乐于助人，贤妻良母，亲切和善，找TA帮忙一定可以。

如果这些标签你中了70%以上，那就要注意自己可能存在讨好型人格的倾向了！

讨好型人格者，总是以他人的需求为中心，即便本心不是这样想的，也要假装如此。他们不惜委屈自己，也要成全他人，习惯看他人的脸色行事，特别在意别人对自己的评价。许多讨好型人格者一生都在取悦别人，始终戴着"老好人"的面具。

讨好型人格是一种潜在的不健康行为模式，也可以说是一种人格缺陷，但它不属于人格障碍。就其典型特征而言，主要体现在以下5个方面。

1. 习惯察言观色：一旦他人出现负面情绪，就会开启讨好模式

讨好型人格者犹如敏感的"勘测仪"，总是可以又快又准地捕捉到他人的情绪，一旦他人有不悦的迹象，他们就会感到紧张，或是自动开启讨好模式。

讨好型人格者的内心有一个不合理的假设：他人的情绪变化与我息息相关，对方不高兴肯定是因为我做得不好。害怕负面评价的他们，为了维系一贯的好评，往往会在他人尚未开口指责自己之前，就率先用讨好的方式博取对方的欢心。

2. 不敢拒绝他人：害怕别人失望和不满，通常会有求必应

日本作家太宰治在《人间失格》里写道："我的不幸，恰恰在于我缺乏拒绝的能力，我害怕一旦拒绝别人，便会在彼此心里留下永远无法愈合的裂痕。"

这是讨好型人格者真实的内心写照，但凡别人向他们发出请求，他们都会接受，哪怕自己有难处，哪怕对方的请求不合理，也不敢回绝。他们担心拒绝会让对方失望，给自己带来差评。如果万不得已必须拒绝，他们会不停地向对方道歉，试图消除对方的不满和负面评价。

3. 不敢表达需求：害怕给他人添麻烦，压抑真实的感受

讨好型人格者的内心深处有一种不配得感，总觉得向他人表达自己的需求会给别人带来麻烦，这会让他们感到愧疚。所以，他们通常不会轻易向人说出自己的感受和需求，哪怕是对方做了有损自己利益的事，他们也会选择隐忍。当别人主动给予他们帮助时，他们会表现得受宠若惊，哪怕递过来的是一块石头，他们也会觉得温暖。

4.害怕不被认可：过分在意他人的看法，害怕被人讨厌

讨好型人格者内心十分在意他人的看法，总希望获得他人的认可，故而在言行上会不自觉地讨好他人，极力满足他人的期待。

在亲密关系中，讨好型人格者较容易迁就对方，即使对方提出的条件十分苛刻，为了维系这段关系，他们也会选择妥协。在社交场合中，讨好型人格者畏惧冷场，总是迎合他人的观点，一旦觉察对方的语气和表情有不悦的迹象，就不敢再多说话。

5.缺少心理界限：为取悦他人丧失原则，被碰触底线也不反抗

讨好型人格者缺少心理界限，做事优先考虑的是赢得他人的好感，很容易在人际交往中丧失原则，哪怕对方做出了碰触他们底线的行为，使他们自身的权益受到损害，他们也不敢出声维护和反抗，生怕惹得他人不满。

18 难以控制的讨好是怎样形成的

"谄媚"的我

7岁时，妈妈恐吓她说："每一个小学生毕业时，

> 都得出版一本自己的书，不然就会被警察抓走。"带着恐惧，她战战兢兢地踏上了写作之路。9岁那年，她成名了；23岁那年，她成了《新周刊》的副主编……然而，一路带着各种荣誉光环的她，却并没有太多的成就感，说起内心的感受时，她坦言："我从没有和任何一个人产生过真实的关系。我因为太希望别人能喜欢自己，而成了一个谄媚的人。"

心理学家哈丽雅特·布莱克在《讨好是一种病》中提到："很多人觉得，'讨好'是一种良性的心理状态，毕竟被当作好人总是不错的，但实际上，很多讨好者已经不是在简单地取悦他人，而是无法控制地下意识去牺牲自己，甚至对来自他人的赞赏和认可上瘾。"

讨好的背后是低自尊水平，认为自己不够好，缺少稳定的自我评价，需要持续地通过他人的认可、满意来验证自己的价值。形成低自尊的原因，主要有两方面。

1.原生家庭未给予过"无条件的爱"

没有人会主动选择讨好型人格，美国教育学家米基·法恩认为，讨好型人格来源于童年创伤，即父母从来没有或极少给过孩子"无条件的爱"。

通常来说，有两种人格类型的父母比较容易导致孩子形成低自尊的人格：

○ 讨好型人格的父母：让孩子不自觉地延续父母的讨好模式

讨好型人格的父母，其自尊和价值感都很低。他们在生活中不敢轻易回绝他人的请求，并潜移默化地将"不能轻易得罪人""要得到别人的肯定"的观念灌输给孩子，甚至在养育子女的过程中会牺牲自家孩子的需求去满足别人家的孩子，照顾其他家长的脸色。在这样的环境中长大，孩子会觉得低人一等，不自觉地延续父母的讨好模式。

○ 控制型人格的父母：剥夺了孩子表达真实需求的机会

控制型人格的父母，对孩子干涉过多，不允许孩子表达自己的想法，一旦孩子无法达到预期的目标，就会遭到父母的批评和指责。渐渐地，孩子变得胆小怯懦无主见，完全依赖父母的评价，不敢表达真实的需求，认为只有讨好父母才能被爱。渐渐地，这种讨好父母的模式就演变成了讨好所有人的模式。

2.心理创伤后遗症

心理学研究显示，讨好型人格者在成长过程的某个阶段，很可能遭受过身体或精神上的伤害，如性侵、绑架、校园暴力、拉帮结派等，从而产生了不自觉的应激反应：暴力令人感到恐惧，只有讨好才能保护自己。

分析完讨好型人格的可能成因后，可能有人会问：童年时代的创伤，真有机会补救吗？

坦白地讲，这是一条艰难的路，不能保证根治，但也绝非不可战胜。接下来，我们会从设立边界、学会拒绝、不惧被讨厌等方面介绍讨好型人格者的自救方法。

19 远离应激源，设立个人边界

温顺的"绵羊"

晓洋"人如其名"，温顺得简直就像一只"绵羊"。无论是对亲友，还是对同事，总会先顾及对方的感受，屈服于对方的需要和请求。如果朋友提议去东南亚餐厅，即便她不喜欢冬阴功汤味的火锅，也会附和着说"味道不错"；为了显示和男友趣味相投，对电影不感兴趣的她，也会故作兴奋地和男友一起去看首映；公司效益不好，给所有职员都降了薪水，她却还是按时给家里寄钱，任由父母宠溺无业的弟弟。

在晓洋看来，顺从与付出意味着善良与爱。她一直认为，只要与人为善、真诚可亲，必定能换来收获，即便有时需要牺牲一点自身利益。可惜，现实总是很"打脸"：她遇到难处找朋友帮忙时，朋友却说自己也有难处，没有余力帮她；她为男友付出了很多，对方却觉得两人性格不合，主动提出了分手；她努力赚钱、省钱，却被父母催着支援弟弟买车。

面对晓洋的经历，你有何感想？当我这样问她时，她说了四个字——人性凉薄。

晓洋的不被善待和珍惜，真的都是人性凉薄所致吗？谁能够保证，此生所遇皆为良善呢？况且，晓洋的朋友、父母和男友，也算不上恶人，只是各有各的想法和立场。如果他们的做法让晓洋感到痛苦和不满，她是否也该意识到自己的"讨好倾向"发挥了助推作用呢？如果不想继续承受这样的伤害，她是否也该主动划定一条"禁止入内"的个人边界呢？

美国心理学家约翰·汤森德博士，曾就心理界限的问题说道："心理界限健全的人，对于生活和他人都有明朗的态度，做事的立场也很坚定，观点清晰，有自己的追求和信仰；相反，生活中没有界限的人，恰恰是因为心里没有判断的标准，因而做什么事都举棋不定、态度暧昧，对待爱情、工作和生活，完全没有参考的标准。这样的人在与人交往时，总处于被动的境地，一旦别人态度稍微强势些，他们就会毫不犹豫地妥协和退让。"

晓洋的每一次隐忍和妥协都在向他人释放一个信号："我是没有底线的，我什么都不在意，你们怎样对待我都可以。"她从来没有设定过保护自己的围墙——心理边界。

心理学家埃内斯特·哈曼特曾说："如果自我是一座古堡，那么心理边界便是古堡外的一圈护城河。当然，护城河的宽度由自己决定。"

构建心理边界，可以帮助我们更好地了解自己的情绪和需求，在遇到不喜欢的事情、超出承受范围的请求，以及不公平、不舒适的对待时，敢去捍卫自己的尊严与感受。

讨好型人格者可以尝试从远离应激源开始建立个人边界，

如：当你发现自己总是不自觉地讨好父母并为此感到疲惫时，不妨在有独立生活能力后搬出来，构建自己的空间和家庭；如果你和朋友之间有类似情况，也可以减少联系，或是告知对方自己哪些时间有空闲、哪些时间不能被打扰……从细枝末节的小事入手，慢慢打破讨好的倾向。

20 怎样才能打破不敢拒绝的枷锁

姐妹群里的"女仆"

"我现在越来越怕看到姐妹群里的消息，生怕她们（几个闺蜜）又提出代购的请求。以前在国内时，我经常和她们一起玩，也受过她们的照顾。后来，我到美国工作，主动给她们邮寄过一些东西。渐渐地，她们就开始让我帮忙代购，虽然隔着12小时的时差，可我经常会在半夜收到消息。

"偶尔代购一次没什么，毕竟都是朋友。让我为难的是，她们隔三差五就要我帮忙代购，却隔上两三个月才付款，理直气壮得一句谢谢都不说，好像我这么做都是应该的。有时候我是不愿意的，可群里有四五个人，要是我回

> 绝了其中的一个,她们肯定都知道了,私下里不晓得会怎样议论我。我不想破坏和她们的关系,可我也有自己的工作和生活……"

朋友之间没必要斤斤计较,但这并不意味着,可以习惯性地放任自己吃亏,没有底线地损伤自己的利益。在分内的利益面前,不需要过分谦让,我们都有权利争取自己应得的东西。

讨好型人格者经常会牺牲自己的利益去成全他人,实际上这并非伟大感人的壮举,而是一个"恶"的循环:你越是无底线地退让,别人越不懂得尊重你,而你拱手让出的应得利益也就越多!拒绝的重要性毋庸置疑,可对于讨好型人格者来说,最大的苦恼和阻碍是——不敢拒绝!他们可能不止一次地责备过自己:为什么"我"总是无法说"不"?

针对这一情况,讨好型人格者需要明晰和解决以下几个问题:

(1)不敢拒绝不是你的错——早年的成长经历或负面体验,让你对拒绝心存芥蒂。

(2)直视自己内心的恐惧——了解低价值感的起源,知道自己为何害怕拒绝,看到过去所承受的重担和束缚,用悲悯和爱护去替代对自己的苛责与谩骂,慢慢融解内心的冰山。

(3)拒绝和自私不是一回事——把专注力放在自己的分内事上,拒绝不合理的请求不是自私和无情,而是对自己的尊重和保护。

(4)询问内心真实的感受——在做决定之前,问问自己:

我真的想这样做吗？如果我不想，我能否拒绝？如果我想，我这么做是为了什么？过程和结果会让我感到愉悦吗？

（5）给出合情合理的解释——拒绝本身不是直接引起他人的反感和抵触，关键是"如何拒绝"。在面对熟人的时候，如果能在拒绝之后，给出合情合理的解释，往往都能赢得他人的理解。如果条件允许，且对方接受，可以提供替代方案，实现双赢的结局。

多年养成的思维和行为模式，一定是有意义的，它在许多我们无法自知的时刻保护着我们。只是，有的模式没有随着生活的变化而消失，从而成为困扰。要改变讨好的倾向，敢于拒绝他人，并不是一件容易的事，需要一步一步地来修正。

如果你觉得，直接说"不"很困难，可以先尝试"不立刻回复他人"，如："我现在有些忙，稍后回复你好吗？""我需要和家人商量一下，你的请求可能跟我的既定安排有些冲突。"多给自己一点时间，你就多了一份属于自己的空间，在这个间隔期里，你可以试着回顾上述的5个要点，然后再做决定。若不能做到口头拒绝，也可以用文字来表述。

21 自由的代价里夹着被别人讨厌

> 《平凡之路》
>
> "我曾经跨过山和大海,也穿过人山人海,我曾经拥有着的一切,转眼都飘散如烟。我曾经失落失望,失掉所有方向,直到看见平凡,才是唯一的答案。"

当一个人与真实的自己背道而驰,逼着自己长期戴上"讨好"的面具,去迎合周围的人、做自己不喜欢的事时,就会陷在"表面美好"与"内在拧巴"的冲突中。

朴树在《平凡之路》中唱出了他真实的经历与心声:整整11年的时间里,他几乎将自己完全封闭起来,被焦虑、失眠、痛苦缠绕。在最糟糕的时刻,他甚至想过放弃生命。曾经的那些"闪耀"与"辉煌",都是依靠着完成别人的期待换得的,而他内心最不想做的恰恰是用音乐讨好别人。最终,他选择以自己本来的样子去面对所有,功成名就与光芒闪耀,终究比不上做真实的、平凡的自己。

在意别人的目光,看别人的脸色行事,为满足他人的期待做抉择,或许能换得一句"这个人还不错",可这样的生活方式却是极其不自由的。当你以他人的认可作为评判自我价值的标准时,为了避免被否定,你就要不断地看他人的脸色,并发誓忠诚于任何人。

讨好型人格者要明晰一个真相：做真实的自己是有代价的，那就是会被人讨厌。

没有人希望被人讨厌，或是故意招人讨厌，这是人的本能倾向。可生活不可能尽如人意，我们很难在自由地成为自己和满足他人的期待之间实现完美的平衡。更多的时候，我们需要认真思考，并做出抉择。如果只图他人的认可，就得按照别人的期待生活，舍弃真正的自我；如果要自由，就得有不畏惧被讨厌的勇气。

你可能也想过一个问题：为什么有些人不怕被讨厌？哪怕是挨了白眼、遭到反对，他们也能够强大到坚定自己的选择，不委曲求全。究其根本而言，是因为他们深刻地理解——哪些事情是自己的课题，哪些事情是别人的课题。

选择自己感兴趣的职业、坚持自己认可的不婚主义、拒绝令自己感到为难的请求，这些都是自己的课题，我们该做的是诚实地面对自己的人生，正确处理自己的课题。至于父母对自己所选的职业是否满意，周围人怎样看待不婚主义者，被拒绝的人会不会对自己心生嫌隙，那都是别人的课题，我们无法左右，更无法强迫他人接受我们的思想言行。

"不想被人讨厌"是自己的事，"是否被人讨厌"是别人的事。内心强大的人，在两件事之间划清了界限，虽然不想被人讨厌，但即使被人讨厌也能接受。正是因为有了这样的勇气，才让他们在人际关系中变得轻松和自由，敢于活成真实的自己。

22 关注自我,尝试置顶自己的感受

不被珍惜的爱

"我很爱我的太太,虽然我也要上班,但还是每天都会给她准备好早餐和晚餐,把家里收拾得干净整齐。她在家就是上网、看电视,就连座机电话都懒得接。前段时间,我摔伤了腿,无法动弹,里里外外的事都压在太太身上。起初,她还挺有信心的,说自己能做好。可是,没过一星期,她就开始烦了,脾气特别暴躁,还说了一些很伤人的话。我有点儿寒心,自己辛苦付出了这么多,没换来她的理解和珍惜,反倒被指责和埋怨……"

爱情是双向互动的过程,"一分耕耘一分收获"在爱情领域里并不适用,《罗兰小语》里说:"如果你希望一个人爱你,最好的心理准备就是不要让自己变得非爱他不可。"

讨好型人格者在感情中习惯扮演给予的角色,迎合他人的需求,很少表达自我,希冀靠付出和牺牲来交换爱,结果却不尽如人意。这也提示讨好型人格者,想要真正地获得自我成长,弥补人格上的不足,不仅要正确地感知他人的需要,还要聆听自己内在的声音。

下面有一个小练习，可以帮助讨好型人格者觉察自己的内心。

找一个安静、舒适的地方坐下来，尝试把自己当成一位好朋友，与自己对话：

- 你想要通过讨好获得什么？
- 这些东西能够通过其他方式获得吗？
- 想象一下，你在完全放松的状态下会做什么事情？
- 做哪些事情会让你感到内心充实和愉悦？
- 过往有哪些事情让你觉得，他人的评判似乎也没那么重要？
- 这些时刻，有没有可能再次出现？

通过不断地练习和觉察，你就可以慢慢摒弃掉对他人好评的过度渴望，忠于自己的内心。

23 — 与讨好型人格者相处要注意的事

讨好 = 施暴？！

乔伊是我的朋友，她总是表现得特别热情，我搬家时她主动过来帮忙，还帮我添置了一些生活必需品，平时也很支持我，极少对我的想法提出反对意见。我心安理得地

> 接受了乔伊对我的好，当然我待她也不错。只是有一次，乔伊找我帮忙，我刚好有事就回绝了。
>
> 我并没有把这件事放在心上，时隔很久以后，我在乔伊的微博上看到了一条动态，时间刚好是我回绝她的那天——"我小心翼翼地捧着你的心，你却在我的心上划了一个口子。人间不值得，你也不值得，是我活该。"看到这些话，我觉得有些不适，似乎是一种被"道德谴责"和"道德绑架"的味道。

我们都知道，讨好型人格者一直认为自己是卑微的，唯有察言观色、照顾好别人的感受，才能被认可；他们总觉得自己要不断地付出，才能被他人善待和喜爱。在这样的情境下，他们把自己当成了仆人，把他人当成了主人。可是在另一些情景下，他们也会在心里把"主人"和"仆人"的位置调换，如果对方不能按照他们的逻辑和预期行事，他们就会变成"施暴者"。

施暴者？讨好型人格者不是"老好人"吗？怎么成了"施暴者"呢？

对，你没有听错。讨好型人格者的每一次付出、忍让和牺牲，都是为了日后理所当然地控制别人做铺垫。当他们付出到一定程度后，就会变得计较，表现出强烈的控制欲。

如果你身边有讨好型人格者，在跟他们相处时一定要注意：不要心安理得地享受讨好者的付出！这就像信用卡，当下享受了便利与好处，日后都是要还的。万一不小心透支了，还要加倍地偿还利息。

想与讨好型人格者建立和谐、稳定的关系,要记得多给予他们一些肯定和欣赏,感谢他们为你付出的一切;多鼓励他们主动、直接地表达内心的需要,因为暗示性的表达经常会造成误会,只有直接的表达才能真正准确地体现出他们的内心渴望,促进彼此间的良性沟通。

PART 04

焦虑型人格
当惴惴不安成为习惯

焦虑无法避免,却可以降低。
焦虑的管理问题是将它降到正常的水准,
并利用这种正常的焦虑作为增加我们觉察、警
戒和生存热情的刺激。
——《焦虑的意义》

24 苏晨晓：我在紧张的牢笼里挣扎

> **内心独白**
>
> 我总是紧张不安，在任何一种情况下，我都会习惯性地想到自己、父母或其他亲近之人可能会面临的风险。面对不确定的状况，我会本能地做出最糟糕的假设；面对将要发生的状况时，我会预测所有的风险，试图更好地控制它们……我，活得很疲惫。

早晨醒来，苏晨晓觉得疲惫不堪，又是一个无眠的长夜。

还没有彻底离开床铺，紧张感就朝她涌来。苏晨晓可以清晰地感受到心脏的悸动、肌肉的僵硬，以及大脑不正常的兴奋。她有点儿讨厌自己，为什么不能像普通人一样平静？她没有太多的奢求，甚至不求快乐，只求平静。

上班时间是8点半，只需要乘坐40分钟的地铁，可即便如此，坐在地铁上的苏晨晓依然心急如焚，害怕会迟到。这种担忧不是现在才有的，从十几岁时开始，她就很容易被外界的任何风吹草动扰得心烦意乱、焦躁不安。苏爸爸以前是出租车司机，每天都是深夜11点多回家。苏晨晓总是要等父亲回来，才能够安心地睡觉，一旦他比平时晚了十几分钟，她就会紧张不安，生怕爸爸在路上遭遇意外。

午休时间，三个女同事凑在一起聊天，没有叫苏晨晓。她忽然觉得，自己就是同事讨论的话题，这让她心烦意乱、坐立不安。受这件事的触动，她开始在脑海里回放自己的过错，印证自己一无是处。整个下午，她觉得累极了，可那份紧张感却没有因此停止。她的大脑里频繁闪现令人痛恨的念头，她不禁开始恐慌：如果我一直这样，会不会失去工作？我该怎样养活自己？拿什么照顾父母？

终于熬到了下班的时间，冬日的夜幕已降临，她又在晃荡的车厢中回到了自己的住处，那个熟悉却乱成一片的临时的家。大概是因为熬夜上火，苏晨晓流了一些鼻血，她忽然很害怕，担心自己得了白血病。带着忧心，她躺倒在床上，可是真的能休息吗？等待她的，也许又是一个漫长而无眠的夜。

25 焦虑型人格者怎样看待世界

杞人忧天

《列子·天瑞》里有一则杞人忧天的故事，里面讲到杞国有个胆小又神经质的人，总是脑洞大开想一些稀奇古

> 怪的问题，甚至因为担心天塌下来而焦躁不安，别人怎么劝都没用。

焦虑型人格者以一个普遍的前提假设来指引生活，这是他们与非焦虑型人格者最大的区别，即"世界充满了危险，我必须时刻保持警惕，避免和控制任何会伤害到我的潜在威胁"。然而，若是真的发生了糟糕的状况，他们往往也可以冷静面对。

焦虑型人格者在生活中经常会做出一系列令人不适的举动：

○ 突然间很愤怒、伤害身边的人。
○ 用不切实际的标准要求自己和他人，给彼此带来压力。
○ 为了避免犯错，总是推迟决定或行动。
○ 过分地小心谨慎，限制自己和身边人的行动。
○ 习惯性地反应过度，并因过激反应导致矛盾冲突。
○ 自动搜寻一切潜在的威胁。
○ 过度控制，希望一切都能安稳有序、不出差错。

生活中比较常见的都是轻微或中度的焦虑型人格者，其行为表现如上文所述。

如果焦虑的行为极度严重，达到了《精神障碍诊断与统计手册》对广泛性焦虑障碍的诊断标准，即：个体在过去6个月中，对难以控制的事件表现出过度的忧虑，表现出以下6种症状中的至少3种——焦躁不安、容易疲惫、明显易怒、肌肉紧张、睡眠障碍、难以集中精神或大脑一片空白，严重影响正常的工作、学习或家庭关系，并造成个体的痛苦。

针对这样的情况，不仅要考虑做心理咨询，还要采取药物治疗。通常，只有经验丰富的临床医生才能准确地诊断广泛性焦虑障碍，因为这些症状易混淆，或会以不同的方式表现出来。

26 为什么会出现广泛性焦虑障碍

焦虑的感觉

> 电影《蒂凡尼的早餐》中有一段对焦虑的描述，可谓是恰如其分："焦虑是一种折磨人的情绪，焦虑令你恐慌，令你不知所措，令你手心冒汗。有时候，连你自己都不知道焦虑从何而来，只是隐约觉得什么事都不顺心，到底是因为什么呢？却又说不出来。"

人在感到焦虑时，往往会伴随一些身心和行为的变化：

○ 思想层面：担心未来不知道会发生什么；对已经发生的事情感到自责。

○ 身体层面：心慌、头晕目眩、出汗、呼吸急促、胃部不适、肩颈酸痛等身体不适感。

○ 情绪层面：焦虑不只是一种情绪，而是几种情绪交错出现，如愤怒、悲伤、厌恶等。

○ 行为层面：重复性的行为或习惯；回避或逃离的倾向；用暴饮暴食、抽烟喝酒等行为分散注意力；企图占上风保护自己的行为，如威胁他人、表示愤怒等。

在现实生活中，多数人感受到的焦虑都在正常范围，属于焦虑情绪。然而，当焦虑发展到一定程度时，就可能会泛化，变成广泛性焦虑。

广泛性焦虑障碍，是一种以持续的、弥散性的、无明确对象的紧张不安，伴有自主神经功能兴奋和过度警觉为特征的慢性焦虑障碍。广泛性焦虑障碍者几乎对所有事情都感到焦虑，习惯性地将事情朝着坏的方面想，认为生活中处处充满危机，哪怕这种想法与实际情况不符。

研究表明，约有7%的人会在一生中的某个阶段患上广泛性焦虑障碍，它对女性的影响是男性的2倍。在因心理疾病就诊的人群中，广泛性焦虑障碍者所占比例约为1/4，而通过认知行为疗法，约有3/4的广泛性焦虑障碍者能取得明显的疗效。

那么，广泛性焦虑障碍是怎么形成的呢？通常来说，它和以下四方面因素有关：

1.环境变化

焦虑是人类在面对不确定事物时产生的本能反应，大脑认为不确定的事物就是威胁，因此促生了焦虑，让我们有足够的能量和动力去摆脱威胁。现代社会信息量骤增，环境变化迅速，人们面对的不确定和威胁也越来越多，焦虑感必然也会增强，以便评估风险、提前做好规避预防措施，更好地适应不断变化的状况。

2.遗传因素

研究表明，广泛性焦虑障碍有一定的遗传倾向，约有38%的遗传概率。虽然焦虑会遗传，但并不意味着人们会长期处于焦虑中，我们仍然可以通过正确的方式方法，降低广泛性焦虑障碍对日常生活的影响。

3.早年经历

从精神分析角度来说，有些广泛性焦虑障碍患者总是处于紧张不安中，是为了对抗一种更深层的无意识的焦虑，这种焦虑与其早年经历的某些生活事件有关。正因为此，不少焦虑症患者渴望进行精神分析治疗，他们希望在跟治疗师的沟通中，能够重新体验过去的情感经历，从而意识到焦虑的根源，真正地解决问题。

4.突发事件

生活中的突发事件会激发人们形成广泛性焦虑障碍，如罹患重病、遭遇意外事故等。同时，不只是负面事件会让人产生焦虑，有些好事也会引发当事人的焦虑，如工作中被委以重任、生育子女等，都可能让当事人感到责任重大，由焦虑情绪演变成广泛性焦虑障碍。

对多数的广泛性焦虑障碍者来说，诱发其焦虑的因素往往不是单一的，可能是多个因素融合的结果。无论是出于哪一种原因，通过恰当的治疗，都可以降低对自身生活的不利影响。我们在后续的章节中，也会陆续介绍减缓焦虑的方法。

27 惊恐发作是怎么一回事

可怕的濒死感

多年前，荀总经历了一场车祸，妻子和大儿子在车祸中遇难，只留他与小儿子荀昊相依为命。自那以后，荀总对小儿子格外上心，凡事都替他做打算。随着年龄的增长，荀昊开始有自己的想法，不想事事听从父亲的安排。荀昊想出国留学，荀总担心他在国外出事，两人的关系彻底崩裂。

在跟儿子关系闹僵后，荀总的身体开始出现一系列不适的症状——出汗、发抖、恶心、心跳加速、产生濒死感。然而，医院的各项检查报告显示，荀总没有任何疾病。备受折磨的荀总，在朋友的推荐下，走进了心理咨询室，而荀总真正的问题也终于浮出水面。

在妻子和大儿子车祸离世后，荀总很在意小儿子和他的安危。荀昊要是出国了，就只剩下他一个人。后来，他在新闻上看到国外的负面消息，担忧和焦虑交杂导致惊恐障碍！不明原因的身体症状，又进一步加深了他的担忧，他害怕万一自己罹患重病，再也无法照顾自己的小儿子了……在咨询师的协助下，荀总认识到了自己真正的心

> 结。在现实层面，他也跟小儿子荀昊进行了坦诚的交流，惊恐障碍也随之好转。

上述情节是电视剧《女心理师》中的一个典型案例，为观众科普的是"惊恐发作"。

惊恐发作是急性焦虑症的一种表现形式，患者会心跳加速、胸口憋闷、喉咙有堵塞感、呼吸困难，产生强烈的惊恐感和濒死感。由于惊恐引发的过度呼吸导致呼吸性碱中毒，继而引发四肢麻木、腹部坠胀等，让患者恐惧加剧，精神崩溃。惊恐发作，通常持续几分钟或数小时，在发作过后或进行适当治疗后，症状会有所缓解或消失。

尤里乌斯·恺撒曾说："看不见的东西，比看得见的东西更容易扰乱人心。"

惊恐发作是很突然的，没有特殊的原因和情境，且发作无固定规律，往往令人猝不及防。虽然发作时的持续时间不长（5~20分钟），可当事人对这种强烈的身心感受印象极深，在症状缓解之后（约1小时可自行缓解），内心依然对此感到恐惧和不安，稍有不适和变化，就会催生出万分的担忧，从而加重焦虑。

惊恐障碍，通常是基于对未来结果灾难性的预测及反应，源于内心深处的恐惧。遇到一些特殊情况时（如飞机遇到气流、目睹灾难性事件等），我们可能会产生强烈的失控感和无力感，如果无法调整好自己的状态，就可能会被吓坏，从而导致惊恐发作。

这里有三条建议，可以给惊恐发作者带来一些启迪和帮助：

○ 建议1：正确认识惊恐

许多人在经历惊恐发作时，认为自己陷入绝境、濒临死亡，但实际情况并不是这样。惊恐就像是心中的魔鬼，你越怕它，它越猖獗；你不怕它，它对你的影响就没那么大。

○ 建议2：循序渐进地克服

克服惊恐不能着急，要循序渐进。例如，你不敢独自开车上路，可以先在亲友的陪同下开车；当你克服了对开车这件事本身的恐惧后，再尝试独自开车一段距离，让亲友在终点等你；接下来，再尝试长距离的独自驾驶，直到你觉得这件事并不难时，就克服了惊恐。

○ 建议3：主动面对惊恐

惊恐通常是突然袭击，令人措手不及。如果总是想着逃避，希望它永远不再找上自己，就会陷入被动之中。要克服惊恐，还是需要主动出击，积极地寻求帮助，了解和看到内心深处真正的恐惧和担忧，以正常的思维去分析问题，而不是过度关注事物不好的方面，从而减少焦虑和恐惧，降低惊恐发作的概率。

28 焦虑型人格特质并非一无是处

> **博弈中的心理学**
>
> 玩过象棋和围棋的朋友,大概都有过这样的经历:
>
> 遇见比自己强的对手,就会不由得紧张焦虑,恨不得赶紧找到击垮对方的破绽。之所以不由自主地这样做,是因为有一种失控的恐惧感,感觉难以控制局面,就心急着寻找突破口。相反,遇见比自己弱的对手,心态就会比较放松,也会不由自主地放缓动作,因为觉得主动权在自己手里,就算不能立刻打败对方,至少不会输。

当我们面对未知的、不确定的情形时,会产生一种失控的不安全感。面对潜在的失控或不安全,我们所感受到的焦虑,其实就是潜意识里的恐惧,甚至是危及生存的恐惧。

从进化的角度来看,焦虑对生存有着重要的意义。

在较为原始的时代,存活是人类最为关切的问题,而外界的猛兽、自然灾害也是客观存在的威胁,由关切和威胁引发的焦虑让人类心怀恐惧,遇到任何风吹草动就会迅速开启预警模式。比如:打猎时要小心翼翼,寻找较为安全的路线,时刻警惕野兽的出没;焦虑的母亲会对孩子更加关注,时刻不离左右,这都有助于增加生存和繁衍后代的机会。

认知行为心理学家艾利斯说过:"合理的焦虑对人类而言是一种恩赐,它可以帮助人们获得自己想要东西,避免担心的事情发生。"为什么考试之前我们会感到紧张焦虑?就是因为我们期待能考出一个好成绩,适度的焦虑会促使我们查漏补缺,做好充分的应试准备。大脑以焦虑的方式提醒我们潜在的威胁,激励我们不断成长和改变,达成更高的目标。

只有当焦虑的频率和强度超出了正常范围,甚至让人陷入一种随时保持警惕的状态中,才会成为一种障碍。比如:过马路时提心吊胆、四肢颤抖,眼睛左右张望,还是无法消除心底的恐惧;在家里好端端地待着,忽然担心会祸从天降;看到负面的社会新闻,开始担忧孩子在学校的安全;工作上遇到了困难,立马就想到了灾难性的后果……这种焦虑就是不健康的了,它如同脱缰的野马,会严重干扰正常的生活。

29 当焦虑来袭,该对自己说些什么

我该拿你怎么办?

躺在床上的我,翻来覆去睡不着,脑子里冒出许多乱七八糟的念头,完全不受我的控制。我很着急,明天要早

> 起赶飞机，到另一个城市参加峰会，迟到了会很麻烦。我想早点睡着，可越是逼自己入睡，越是睡不着，我感觉头昏脑涨，好难受……焦虑，我该拿你怎么办？

在意识到肾上腺素的轻微涌动时，焦虑型人格者该如何自处呢？

我们说过，压抑或排斥任何一个人格面具都是无益的，焦虑型人格者首先要理解并接受自己的这一人格特质，关注身体内的恐惧感。当你被焦虑裹挟时，你的情绪会比其他人更强烈，这会严重妨碍你的思考。所以，在此期间不要讨论问题，冲动草率地做决策。

当你感到焦虑时，你可以跟自己进行理性的对话。这是反思现实的一种方法，可以让你以更加现实的眼光去看待事件，质疑那些不合适的解释，尤其是对风险过分夸大的解释。

——"我现在有了焦虑的反应，这是生理机制导致的，不是我不好，这只是我的一部分。"

——"我的身体正在戏弄我的大脑，让我感到害怕，以为坏事要发生，但这不是真的。"

——"我的焦虑正在剥夺我的思考力。"

——"我感觉不舒服，或许我可以去整理一下房间。"

——"我不会一出现焦虑信号就不安，我可以忍住。"

——"我的焦虑有生理机制的原因，但这只是一部分，我还是要控制焦虑。"

——"我不能完全摆脱焦虑,但绝大部分时间里,我是可以控制的。"

——"我不用恐慌,因为最坏的事情极少发生。"

——"我可以控制焦虑,但不会矫枉过正。"

焦虑型人格者的思维是由一个信念引起的,即"生活充满了危险,我必须时刻警惕,让它不那么可怕"。其实,更贴近现实的假设应当是:"有时生活的确存在危险,我应该警惕并做好准备,但不必过分担忧。"所以,试着做点事情转移注意力,如整理房间、衣橱、文件,创造"一切皆在掌握之中"的感受;也可以把注意力放在那些美好的事物上,如绘画、音乐、综艺节目、和朋友聊天等,缓释焦虑情绪。

30 — 3个步骤,消除模糊不清的担忧

我该拿你怎么办?

美国著名工程师威利斯·卡利尔曾经把一件工作搞砸了,将给公司带来巨大的损失。面对这样的突发事件,他心里焦虑万分,很长时间都陷入痛苦中不能自拔。

幸好,最终理性还是战胜了糟糕的情绪,它提醒卡利

> 尔：这种焦虑是多余的，必须让自己平静下来才能想到解决问题的办法。没想到，这种强迫自己平静下来的心理状态，真的起了效用。后来的三十多年里，卡利尔一直遵循着这种方法。

人在陷入焦虑状态中时，会破坏集中思维的能力，无法专心致志地想问题，也很容易丧失当机立断的能力。选择强迫终止焦虑，正视现实，准备承担最坏的后果，就可以消除一切模糊不清的念头，让人集中精力去思考解决问题的办法。

那么，卡利尔具体怎么做的呢？结合他当时的处境，我们来看看他处理焦虑的步骤：

○ Step1：心平气和地分析情况，设想已经出现的问题可能会带来的最坏结果

当时，卡利尔面临的情况也比较糟糕，但还不至于到坐牢的境地，顶多是丢了工作。

○ Step2：预估最坏的结果后，做好勇敢承担下来的思想准备

卡利尔告诉自己，这次失败会给我的人生留下一个不光彩的痕迹，影响我的晋升，甚至让我失业。可即便我丢了工作，我还可以去其他地方做事，这也不是什么大事。当他仔细分析了可能造成的最坏结果，并准备心甘情愿地去承受这个结果后，他突然觉得轻松了很多，心里不再压抑憋闷，找回了久违的平静。

○ Step3：心情平静后，把全部精力用在解决问题上，尽

量排除最坏的结果

卡利尔做了多次试验,设法把损失降到最低,最后公司非但没有损失,还额外地赚了钱。

让自己冷静下来,思考事情最坏的结果是什么?自己有没有勇气去承担?能够回答这两个问题后,焦虑就会减轻很多。接下来,就是想办法阻止最坏的结果发生。一旦找到了解决的办法,全力以赴让它变成现实时,就没有时间胡思乱想了。

31 如何和身边的焦虑型人格者相处

惊喜 = 惊愕?!

趁着美琳出差之际,丈夫把客厅里的老旧家具换新了,样式也都是美琳一贯喜欢的。他想给美琳一个惊喜,让她回家后感受焕然一新的环境。对于丈夫的好意,美琳是什么感受呢?

美琳在咨询室里对我说:"看到家里大变样,我的心骤然缩成一团,我感觉到一阵惊恐,愣了几秒钟才回过神来。我不是不喜欢那些家具,只是脑子里闪现了一连串的问题:换家具不在预算范围内,这些钱要怎么补上?下个月还要付

> 保费，会不会导致严重透支？这沙发的质量怎么样，他一向不太会挑选东西的……"美琳知道丈夫的心意，也挺喜欢那些新家具，只是这样的惊喜，她实在难以消受。

美琳的身上有焦虑型人格者的特质，丈夫的初衷虽好，可他制造的惊喜触动了美琳的预警系统，让她产生了强烈的情绪波动。焦虑型人格者喜欢按照计划行事，意外的惊喜对他们而言，常常会变成惊愕。如果你身边有焦虑型人格的亲友，还是少制造这样的惊喜为妙。

此外，还有一些相处规则，也需要谨记：

1.不要跟焦虑型人格者分享自己的忧心之事，以及负面的社会新闻

焦虑型人格者因为自己脑子里的那些恐怖的假设已经疲惫不堪了，如果你再和他们分享自己的忧心之事，或是负面的社会新闻，他们会觉得生活比自己想象中的不确定和危险更多。就算有些事情可能与他们无关，但在焦虑型人格者看来，提到危险就相当于身处危险中，他们会愈发觉得，危险事件的发生概率是极大的。

2.用焦虑型人格者感到安心的方式与之合作，减少精力上的耗损

如果你的上司是焦虑型人格者，在每次接到任务后，最好第一时间做好完善的计划给对方过目，待他确认无误后，再按照计划执行。期间，及时汇报工作进度，让对方感受到"一切可控"。这样的话，可以减少在工作过程中的沟通成本和无故的精

力耗损。

3.帮助焦虑型人格者改变看待问题的视角，减缓对方的焦虑感

假设你和一位焦虑型人格的同事乘车去高铁站，中途遇到了堵车的情况。此时，你明显感觉到同事开始焦虑不安，嘴里不停地念叨："怎么这么堵？不如再早点出来一会儿！万一赶不上那趟车怎么办？"此时，你可以这样回应："确实很堵，可就算误了那趟车，后果也没那么严重。你不妨看看，下一趟车最早是几点钟。"听到你这样说，对方可能就会意识到，即便赶不上那趟高铁也没那么糟糕，不会造成很大的损失，结果是可以接受的。这样一来，他的注意力就会转移到挽救措施上。

焦虑型人格者时刻担心危险发生，处处小心谨慎，这虽然会给他们和周围人带来一些困扰，但遇到这样的同事或合作伙伴，也不妨将其视为一种优势，在需要谨慎周密的问题上，让他们来进行具体评估，防范那些可能性较大的潜在危险。要相信，在防患于未然这件事情上，没有谁比他们做得更仔细、更认真、更值得信任和交付了。

PART 05

抑郁型人格
我的存在毫无意义

生命会以不同的方式向我们展示它的面貌，
给我们安排各种挑战，
那就是我们需要处理的人生功课。
——《心灵突破60问》

32 冷翠珊：无意义是我的人生底色

> **内心独白**
>
> 人活着真是太累了，想到眼前这个孩子将来也要面对生活的种种刁难，我就抑制不住地难过，甚至觉得不该生下她，让她承受人间疾苦。

她叫冷翠珊，周围人私下里称呼她"冷美人"。

相处十几年的邻居，压根不知道冷翠珊笑起来是什么样，她的表情总是带着些许阴郁，这大概与她的成长经历有关。冷翠珊排行老大，下面有一个弟弟和一个妹妹。她有个暴脾气的父亲，动不动就大声斥责妻儿。作为家里的长女，冷翠珊目睹着母亲每一次受的委屈，也在不知不觉中背负了母亲的情绪。

冷翠珊承担着大部分的家务，还要照顾弟弟妹妹。一个心思细腻的少女，每天被各种琐碎的事务裹挟，没有体会过青春年华的美好。她总是希望能将母亲从委屈和痛苦中拯救出来，可她是那么弱小无助，那么微不足道。母亲为了家庭操劳，无暇顾及（也没有意识）去关注冷翠珊的感受。也许就是从这个时候开始，冷翠珊把自己的人生底色涂成了灰白。

冷翠珊经常独自一个人望着窗口发呆，眼睛盯着远处的田野,不知道在想着什么。成年后,她经人介绍成婚。婚后的生活算不上幸福,丈夫同样是一个暴脾气的男人,要是哪天遇到不如意的事,再喝上两口酒,更是闹腾得厉害。冷翠珊很少去邻居家串门,即便是自己的弟弟妹妹家,去的次数也极少。

生女儿的时候,冷翠珊遇到了难产,折腾了整整三天。孩子平安降临后,所有人都松了一口气,冷翠珊的脸上却没有初为人母的喜悦。望着身边那个肉嘟嘟的小孩儿,她不禁落泪,喃喃自语道:"人活着太累了,想到你将来也要面对生活中的种种刁难,我就于心不忍,甚至觉得不该把你带到这个世界上来受苦。"

唯一能给冷翠珊带来慰藉的事情,恐怕就只有读书了。她有一本厚厚的读书随笔,都是看书后的内心感触,那些文字和她的气质一样,都带着阴郁的色彩。她似乎对世俗生活充满了厌倦,对自己也充满了失望,觉得自己不是一个好女儿,没能在母亲的晚年经常陪伴她;觉得自己不是一个好母亲,没有足够的心理力量去关爱孩子。

冷翠珊从来没有对人讲过这些事情,她把所有的委屈和愤怒都指向了自己。在51岁那年,她因宫颈癌离世。在这51年的生命历程中,很少有人走进她的内心,去理解她的所思所想。她一生都活在不快乐中,也很少为自己找寻愉悦,也许在她看来,没有什么东西是能给人带来惬意的,生活里的艰辛远远多过美好。

33 抑郁型人格和抑郁症一样吗

> **你是不是病了？**
>
> 冷翠珊去世后，家人在谈及她时发出了一个疑问：她是不是患了抑郁症？如果是的话，她是什么时候患病的呢？为什么她总是看到事物不好的一面，哪怕是平安地生下健康可爱的孩子、换了一套令旁人艳羡不已的房子，她都无法感受到快乐？

如果冷翠珊曾是一个热情开朗的人，忽然从某个时刻开始变得郁郁寡欢，或许抑郁症可以解释她的情绪变化和行为表现。然而，从少女时代开始，她一直都是"冷美人"的姿态，阴郁似乎是她生命的底色。如此看来，冷翠珊不是抑郁症，而是抑郁型人格。

○ **抑郁症**

抑郁症包括两种，一种是心境恶劣（慢性抑郁），另一种是重度抑郁（单次发作、周期性）。重度抑郁的诊断标准，是在日常生活中有抑郁心境或丧失快乐，至少涵盖下列症状中的5项，几乎每天都出现，且占据当天大部分的时间，至少持续2周。

· 睡眠减少或增加。

· 精神运动性迟滞或精神运动性激越。

- 精力下降。
- 体重减轻或食欲改变。
- 感到自己没有价值或是过度内疚。
- 难以集中注意力、思考或做决策。
- 反复出现自杀的想法。

按照美国精神医学学会《精神障碍诊断与统计手册》（第五版）的分类，抑郁心境需持续至少2年，才能够被诊断为心境恶劣障碍。心境恶劣障碍的人，一生中罹患重度抑郁症的风险会更高。重度抑郁障碍发作期间，会给当事人带来严重的功能丧失，如睡眠和饮食受到影响，无法进行正常的工作和学习。

○ **抑郁型人格**

抑郁型人格是一种特质，具有跨时间和情境的一致性和稳定性。我们不妨这样理解，抑郁情绪或抑郁症犹如"心灵的感冒"，就算是生性乐观的人，也可能会在生命的某一阶段抑郁发作；而抑郁型人格者，不一定会经历重度抑郁发作。有些人很少露出笑容，可他们只是习惯性的忧郁，并不妨碍他们把生活和工作打理得井然有序。

34 为什么会形成抑郁型人格

> 来，做个小测试！

试着回想一下，下面描述的想法是否经常在你的脑海中上演？

- 我觉得自己没有多数人那么热爱生活。
- 我有时会觉得自己是家里人的累赘。
- 我经常觉得任何人都比自己强。
- 我经常感到疲惫，无力应对生活。
- 我很容易产生负罪感。
- 我总是不断地想起自己遭遇的失败。
- 我在面对令人兴奋的事情时也很难感到喜悦。
- 我不愿意参加娱乐活动，哪怕有充裕的时间和精力。
- 我不止一次被人说过凡事都喜欢往坏处想。

如果你总是习惯性忧虑、看到事情不好的一面，在面对令人惬意的情形时依然闷闷不乐，就算受到别人的好评也无法停止自我贬低，内心深处常常觉得自己不配得到关爱，那就说明你身上具有抑郁型人格的特质。

那么，抑郁型人格是怎么形成的呢？

○ **遗传因素**

以冷翠珊为例，她作为家里的长女，是最早帮母亲分忧的孩子，她目睹了母亲在婚姻中所受的委屈以及与生活周旋的疲态，这在无意中内化成了她的一部分。此外，严苛又固执的父亲，从未给过她关爱，也让她自幼就在内心深处树立了"我不够好""我无力拯救母亲""我没能力让父亲喜欢自己"的信念，对其日后的抑郁型人格产生了一定的影响。

○ **教育因素**

从生物学角度来看，孩子是易感人群，传统教育中的某些观念会强加给孩子无法抵达的完美目标，这会让他们对自身产生能力不足的怀疑乃至负罪感，从而增加抑郁型人格的风险。

就现代社会而言，各界对于抑郁症的关注程度远远高于抑郁型人格，但其实后者同样应当被关注，它更容易给当事人造成长期的、不易察觉的伤害。同时，对抑郁型人格多一些了解，也可以避免盲目地自我诊断或误诊，错把人格特质当成疾病，进行不当的药物治疗。

35 内摄型抑郁人格与依赖型抑郁人格

"差劲"的我

林森刚入职不久，上周五领导安排他制作一份推广计划。周末两天，林森放弃了休息时间，收集了大量的素材，做了一份详尽的PPT，周一上班后就给领导发了过去。

领导过目后，回复了一句："不是太理想……有些地方需要调整，你来我办公室。"接着，领导就给林森讲了推广计划的重点，以及制作PPT的要义，以及要达成怎样的预期效果。可惜，这些话林森没怎么听进去，他满脸通红、胸口沉闷，脑子里不断地重复着领导说过的那句话——"不是太理想"。

走出领导的办公室，林森心情沮丧，心想："我真是太逊了，领导看了一眼就指出了这么多问题。也许，我之前找不到工作是有原因的，一没技能二没经验，学习能力也不强，能找到现在这份工作可能也是运气使然，要不是公司缺人，怎么会轮到我？"

此时的林森，没心思修改推广计划，往事像电影一样在他眼前播放：曾经那些失败的经历，汇成了一团强烈的挫败感与羞耻感，将他贪婪地吞噬，他甚至对自己产生了恨意。

抑郁型人格有两种亚型，即内摄型和依赖型。林森思考问题的逻辑，比较符合内摄型抑郁人格者的特点。那么，这两种抑郁型人格是怎样形成的呢？

我们都知道，人类刚出生时是非常脆弱的，需要依赖他人才能存活。如果一个孩子必须依赖的客体（养育者，通常是父母）不够可靠，或是做出了一些伤害性的行为，孩子就必须在"接受现实"和"否认现实"之间做出抉择。

○ **选择否认 → 内摄型抑郁人格**

弗洛伊德说："抑郁是转而向内的愤怒。"

不想面对，索性就否认！当孩子否认了这个糟糕的、让自己无能为力的现实时，他们会这样告诉自己："不是父母不够好，是我自己不好，才让他们这样对待我。如果我乖一点，符合父母的期待，他们就会喜欢我、欣赏我。"

在内摄型抑郁人格者看来，发生在自己身上所有不好的事情，都是自己的问题，自己要为此负全部的责任。在人际交往中，他们不敢表达自己的需求和不满，也会避免批评他人。如果遇到自私或冷漠的同伴，他们会以不断改善自己的方式来避免冲突。

○ **选择接受 → 依赖型抑郁人格**

如果孩子选择接受残酷的现实，就会陷入矛盾之中：既渴望得到父母的关爱，又对自己无能为力，仿佛做什么都无法吸引父母的注意力。他们会陷入绝望之中，并形成这样的信念：能不能被关爱，不在于我表现得多好，而在于他们能否主动发现我的需求并满足我。

依赖型抑郁人格者，内在的体验是孤单，害怕被抛弃，总是担心自己不够好，不被喜欢。在人际交往中，他们不太会主动与人搭讪，而是会不断地观察是否有人注意到了自己。如果别人对他表现得不是很热情，没有积极回应他，他就会陷入到苦闷中。

在亲密关系中，他们经常会把对方当成"唯一的救赎者"，忽略感情以外的其他事情。极有可能，他们会一天发几十条消息、打十几通电话，如果未能及时得到对方的回复，就会焦虑不安，担心伴侣是否不喜欢自己、厌恶自己。和这样的恋人相处，总是令人不堪重负。

无论是"内摄"型还是"依赖"型的抑郁人格特质者，了解自身特质产生的原因，停止向内的自我攻击，都是修正与改善的开始。

36 反刍思维会产生什么影响

"想法"会杀死人吗？

"领导刚刚看了我一眼，是不是对我有意见？我最近有做错什么事吗？"

"想到上学时被当众批评的情景，至今还会满脸发烫。大概我就是这样一个人，让人觉得蠢蠢笨笨，什么都

> 做不好!"
>
> "周围的人似乎都能把生活打理得很好,唯有我过得一团糟,也许我注定不如人。"
>
> 每天脑子里都会冒出一连串这样的想法,抹也抹不掉,我觉得自己终究有一天会被这些"想法"折磨得精疲力尽。

在经历负性事件后,对事件本身及其可能产生的后果进行重复的被动思考,总是沉浸在负面的想法之中,而不去想该如何才能让问题得到解决,就像是反刍类食草动物把胃中半消化的食物退回口中咀嚼,这种现象在心理学上被定义为"反刍思维"。

抑郁型人格者多半存在反刍思维,他们总会不断地回想和思考负性事件与负性情绪,严重耗损精神能量,削弱注意力、积极性、主动性以及解决问题的能力。在反刍的过程中,个体很容易扭曲认知、做出错误决策,以更加消极的眼光去看待生活,感到无助和绝望。如果没有正确的引导,久而久之,很容易演变成抑郁症。研究表明,抑郁症、广泛性焦虑障碍、强迫症、创伤后应激障碍等均与反刍思维存在相关。

那么,该如何打破反刍的恶性循环呢?

1.切换看待问题的视角

科学研究发现:人们对痛苦经历的不同反应,与看待问题的角度有直接关系。

在分析痛苦的经历时,人们倾向于以第一人称的视角去看问题,重播事情发生的经过,让情绪强度达到与事件发生时相似的水平；若以第三人称的角度去看待自身的痛苦经历，则会重建对自身体验的理解，以全新的方式去解读整个事件，并得出不一样的结论。

2.借助其他事物分散注意力

沉浸在反复回忆痛苦的反刍中时，提醒自己"不要想"是无效的。大量的实验证明，努力抑制不必要的想法还可能会引起反弹效应，让人不由自主地重复想起那些原本尽力在逃避的东西。与之相比，更为有效的办法是——分散注意力：通过去做自己感兴趣或需要集中精力完成的任务来分散注意力，如有氧运动、拼图、数独游戏等，可以有效地扰乱反刍思维，并有助于恢复思维的质量，提高解决问题的能力。

3.从积极的角度解释事件

心理学家做过一个实验，将愤怒的受试者分成3组：第1组在想起不悦的事情时打沙袋；第2组在想起中性话题时打沙袋；第3组什么也不做。结果发现：第1组受试者在打完沙袋后愤怒加剧，也更想要报复；第3组受试者的愤怒程度更低，也最没有攻击性。

通过攻击良性对象（如打沙袋等）来宣泄负面情绪，无法从根本上解决问题，还可能会加强我们的攻击冲动。真正能够帮助我们调节情绪的有效策略，其实是"认知重构"，即在脑海中改变情绪的含义，从积极的角度去解释事件，从而改变我们对现状的感受。

总之，有意识地调整消极的认知模式，建立并维系融洽的、支持性的关系，对抑郁型人格者有很大的帮助。抑郁型人格者并不必然意味着低自尊，重要的是学会接纳自我，避免将人格中的抑郁或回避成分泛化成为各种消极因素。

37 停止指责与说教式的鼓励

陪你一起当"蘑菇"

有个精神病人总以为自己是一只蘑菇,他每天都会打一把伞蹲在路边,不吃不喝,就像蘑菇一样。医生想跟他沟通,却不知道从哪儿入手。最后,医生干脆效仿他,也打一把伞蹲在路边,一蹲就是好几天。

终于有一天,病人注意到了医生的存在,就问:"你是谁呀?"

医生说:"我是一只蘑菇!"

病人点了点头,继续当他的蘑菇。过了一会儿,医生站了起来,四处溜达。

病人很惊讶:"你不是蘑菇吗?怎么还能走来走去?"

医生说:"我是一只悲伤的蘑菇,蘑菇悲伤的时候就会到处走,想看看朋友们都在做什么,为什么都不理我。你愿意和我一起去看看其他的蘑菇吗?"

病人点点头,跟着医生一起走了。过了一会儿,医生拿出一个面包吃起来,病人问:"你不是蘑菇吗?怎么可以吃东西?"

医生理直气壮地说:"蘑菇也可以吃东西啊!"病人

> 觉得有道理，也开始吃东西。
>
> 　　几个星期以后，病人能够像正常人一样生活了，虽然他仍觉得自己是一只蘑菇。

　　与抑郁型人格者相处，共情他们的感受并引导他们发现正向资源，至关重要！有些时候，我们可能"看不惯"抑郁型人格者思考问题的方式，总觉得他们太过悲观，忍不住指责他们"缺乏意志力""凡事都喜欢往坏处想""自寻烦恼"，告诫他们"做人要乐观""你必须振作起来"……这种指责与说教式的鼓励没有任何效用，只会加深抑郁型人格者对自身状况的内疚与自责。

　　抑郁型人格者习惯了自我贬低，周围人的重视与肯定对他们而言非常重要。在细微处多给予他们一些正向评价，对他们所做的某些具体行为及时地给予赞赏，都可以有效地滋养他们的自尊，帮助他们改善看待自我、看待世界的视角。谨记，一定要赞赏他们的具体行为，而不是空泛地说一句"你挺优秀的"。

　　在陪伴抑郁型人格者时，可能会被他们的情绪卷入，从而变得消沉，甚至会萌生一种无力感和内疚感，觉得自己无法帮他们分担痛苦。其实，大可不必如此。抑郁型人格者的忧郁，以及悲观消极的思维，是其人格特质所致，不代表他们无力去承担生活、应对问题。你只需要静静地陪伴，聆听他们，不去反驳和指责，适当地做一些引导。

PART 06

自卑型人格
不优秀还值得被爱吗

每个人的心中都有不同程度的自卑感，
因为我们都想让自己的生活变得更好一些。
——阿德勒

38 艾米丽：我总觉得自己不够好

内心独白

> 我活得小心翼翼，生怕自己说错话、做错事，惹人讨厌。我觉得只有足够优秀，才能被人喜欢……我付出了很多的努力，可还是觉得自己不够好，配不上那些条件比自己好的追求者，我怕他们不会喜欢真实的我，怕将来有一天会被抛弃。

艾米丽是一个气质出众、颇有修养的女性，言谈举止有礼有节，说话温柔柔和，且富有条理。然而，在精致美好的外表之下，却隐藏着一个低到尘埃里的灵魂。

5岁那年，艾米丽的父母离异。父亲拿到了抚养权，却没有精力照看她，一直将她寄养在姑姑家，按月支付费用。寄人篱下的她，几乎是看着姑姑和姑父的脸色长大的，特别是看到他们情绪不悦时，哪怕与她无关，她也会神经紧绷。

姑姑家的表妹，比艾米丽小一岁，经常和艾米丽吵架，还会任性地哭闹。艾米丽很少辩解，受了委屈就默默吞下，父亲时常在电话里提醒她："听姑姑的话，别跟表妹吵架。"从那时开始，艾米丽就活得小心翼翼，为了让父亲放心，让姑姑和姑父喜欢自己，她把学习当成了拯救自己的唯一稻草。她是公认的学霸，拿了很多比赛的奖杯，以高分考入重点高中和大学。

研究生毕业后，艾米丽在一家外企任职。她业绩出色，深得领导的信任。如今，她有不错的收入，也有了自己的房子，在外人眼里算得上是独立自主、条件优越的新时代女性。可只有艾米丽自己知道，她心里仍然住着一个自卑的"小女孩"，经常不受控制地否定自己。

自卑感犹如一个无底的黑洞，艾米丽试图用各种方式去填补，却怎么也填不满。她明明已经很优秀了，却从未体验过自信满满的人生。

39 自卑型人格会带来哪些负面影响

自卑型人格的形成

自卑感是源于个人对自身的评价以及外在刺激物对个人心理的影响，如果不能将"比较—评价—刺激"的连锁心理反应控制在一定范围内，自卑感就会慢慢演变成自卑型人格障碍。

每个人的内心深处或多或少都会存在自卑感。当这种自卑感被控制在合理范围内时，对人是有益处的，它可以让个体一直处于自我警醒的状态，让个体为了消除这种自卑感而不断地奋进、提升自我。如果自卑感程度超出了合理的范围，就会给个体带来痛苦的体验。绝大多数人都深谙自卑会压制个体潜能的发挥，让人在怯懦中封杀多种生命体验与可能性。

就自卑型人格者来说，他们在生活中所遭遇的困扰，往往都是细碎微小、刺痛感又很强的，比如："昨天我在会上发言后，老板皱了一下眉头，没发表任何评议，就让下一位同事继续了。我心里很不舒服，总怀疑是自己说错了话。"这些困扰几乎是自卑型人格者时刻都要面对的，当细碎的问题叠加在一起，会严重耗损他们的精力。

相比"自卑会让人生走向平庸"这样的危害，我们更应当从细微的视角出发，关注过度自卑给人造成的困扰和伤害，它们主要体现在以下四个方面：

1.心理极度脆弱，抗压能力差

心理学研究表明，自尊水平高一些的人，心理弹性也较好，能够平稳地应对拒绝、失败或压力。自卑型人格者由于自尊水平较低，对于拒绝或失败会产生更痛苦的体验。他们容易焦虑和抑郁，抗压能力差，甚至会出现与压力相关的不良躯体症状。

2.阻挡个体获取积极的体验

过度自卑，容易让个体接受消极的心理暗示，阻挡对积极体验和信息的获取。当个体的自尊水平较低时，羞耻感会内化成自我身份的一部分，让他们对负面的反馈心安理得，认为自己就是这样。如果有人给予他们积极的反馈，这些反馈要在他们的自我评价范围之内才有效，否则他们根本不会相信。

3.不敢表达自己的需求

自卑型人格者的情绪免疫系统极度脆弱，总觉得自己的任何行为都可能会带来拒绝、伤害和灾难，因此他们总是忍气吞声，不敢表达自己的真实感受，更鲜少向他人提要求。

4.消极地看待亲密关系

良好的人际关系是一种社会性支持，自卑型人格者也渴望获得积极的反馈和肯定，但低自尊阻碍着他们接受来自伴侣的积极信息，使他们完全感受不到情感滋养，甚至会对积极的评价感到不安。他们担心自己无法维持这样的好评，最终让伴侣失望，总觉得对方的爱是有条件的，若是自己不够好，就不配拥有对方的爱。

其实，每个人或多或少都有一些自卑情结，只是面对这份自卑感，不同的人有不同的选择。有人沉溺在自卑的旋涡中不能自拔，有人走向狂热追求优越的另一极端，也有人勇敢地正视自卑，选择克服与超越。显然，最后一种正是我们要努力的方向，不抗拒、不逃避，看清自己的优势，也接纳自身的不足，不求完美，但求成为完整的、内外统一的自己。

40 为什么优秀无法消除内在的自卑

> **"我好羡慕她……"**

> 她是我的同事,外形条件很普通,可她总有办法成为人群中的焦点。不管别人给予她什么样的评价,她似乎都不介意,依然自我感觉良好。说实话,我对她有一种复杂的情绪:既愤怒又羡慕,我一直都很努力,却一直没有活出她那样的自信!

几乎所有的自卑者内心都有过这样的疑问:为什么优秀无法消除内在的自卑?

这是因为,自卑与自信都源于自我认知,即对自己的认识程度以及接纳程度有多深。一个人是自卑还是自信,与其外在条件优秀与否,没有绝对的关联性。

自信建立在自我接纳的基础上,自卑型人格者最大的症结在于,他们在内心深处并不接纳自己,甚至对内在自我充满了怀疑与否定,想要通过外在的优秀去摆脱不良的内在自我体验,并相信只要自己足够优秀,内在自我就会脱胎换骨。

自信的人则不同,即便遭遇了不愉快的经历,他们也会客观地进行归因,而不是一味地否定和羞辱自己。在他们的认知中,那个内在自我始终都是好的、被认可的。所以说，真正决定自信的不是一个人优秀与否，而是他有没有一个稳定的内在自我，以及良好的内在信念。

早年的成长经历对自卑型人格的形成有重要影响。当个体与养育者在互动的过程中，总是被持续地灌输一定要达到什么样的条件或标准，才能够获得养育者的认可或赞赏，而平时总是被养育者挑剔和指责，个体就很难形成一个良好的内在自我形象。

例如，父母原本希望孩子可以上进一点，可在表达期望的时候却往往会误伤孩子："这么简单的问题，你竟然都会搞错！""这个事和你讲过多少次了，脑子真笨！"在这些言辞中，孩子感受到的是自己不好，他们认为必须达到父母的要求，才能扭转这种状态。

这个时候，个体就对自己的"不够好"和"不优秀"产生了防御，他不喜欢这样的状态，就开始拼命地努力。可能在一段时间内，他会弥补上这个"窟窿"，并展示出一定的自信。然而，这个"自信"是虚弱的，一旦中途出现失误，他立刻就会退回到自卑的状态中。为了维持这份优秀，他需要持续不断地给自己施压。

遗憾的是，就算外在条件改变了，自卑者的内在自我，以及他们内心那个糟糕而强大的错误假设——"只有足够优秀的人，才有资格自信"，并没有随之改变。

早年经常被苛责的个体，即便成年后苛责他们的人已经不在身边，他们也会把将这种苛责的态度内化为对自己的态度。所以，想要通过外在的优秀去改变自卑，不过是徒劳，只有从内向外地打破，才能真正地获得新生。

41 在关系中受的伤，要在关系中疗愈

我该怎么做？

> 潇潇是典型的自卑型人格者，在早年的成长经历中，养育者没能为她提供一个安全稳定的环境，她感受到的更多是压力和苛责。成年后，她总是用高标准要求自己，为此将自己弄得精疲力尽。朋友建议潇潇去做心理咨询，她有些犹豫，不知道该不该采纳朋友的建议。

潇潇在早年的亲子关系中，体验到的外界反馈是"我不够好、我是糟糕的"，这使她害怕直面自己，从而选择用高标准要求自己，不断获得进步，借此来避免这种不好的体验。即便如此，潇潇的内在自我依然认为：我是糟糕的、丑陋的、不值得被喜欢的。

在关系中受到的创伤，最终还是要在关系中疗愈。直面自我需要有足够的心理能量，有足够的安全感。如果这些条件不充

分，直面自我很可能会让人彻底崩溃。对自卑型人格者来说，必须要在一段安全的关系里，重新体验真实的自己，看看自己是否真有那么糟糕。然后，重塑过去的自我认知，并建立全新的对自我认知的客观评价。

如果在现实状态中难以遇到这样的安全关系，寻求心理咨询师的帮助是一条便捷的路。咨询师会构建一个安全稳定的环境，让来访者敢于卸下防御，呈现出最真实的自己，并给予他们理解和支持。

随着这种体验的增多，来访者会开始慢慢地相信，真实的自己没有那么糟糕，每个人都有缺点和不足，这是再正常不过的事，真实的本质就是美好与不足交加。有了正向的反馈，有了被接纳的体验，他们开始不再那么惧怕直面自我，并且可以客观地看到自身的优缺点。

至此，他们可能还是会选择努力完善自己，但这份努力是出于"我很好，还可以更好"的信念，而不是为了掩饰潜藏于心、羞于启齿的"我不够好"的念头；他们的内在成长与外在表现实现了同频，即便暂时受挫了，他们也知道自己还有站起来的"能力"。

42 停止用僵化式的思维看待自己

苛刻的自我

> 我经常拿自己的短处与别人的长处去比较,越比越觉得自己不如人;我总是关注自己做得不好的地方,忽视自己做得出色的地方,一旦出现纰漏,我就会把责任全部归咎于自己。

自卑型人格者往往意识不到,他们在思维层面给自己设立了一套僵化的价值评判标准,无论自身变得多么优秀,取得多大的成就,都无法将那些外在的优秀内化到那套根深蒂固的评价标准里,这是自卑型人格者要觉察和解决的关键问题。

卡罗尔·德韦克在《看见成长的自己》里提到过,人有两种思维模式:

○ 僵固式思维

僵固式思维的人,总想让自己看起来聪明、优秀,实际上很畏惧挑战,遇到挫折就会放弃,看不到负面意见中有价值的部分,别人的成功会让他们感受到威胁。

○ 成长式思维

成长式思维的人,善于学习,勇于接受挑战,不惧挫折和批评,会在别人的成功中汲取经验,并获得激励。他们不断掌握人生的成功，充分感受到了自由意志的伟大力量。

很明显，自卑型人格者陷入了僵固式思维的枷锁中，他们只想维系一个理想化自我的形象，害怕被人看到真实的、不够完美的自己；忽略了自身的长处，以及成长可能性。

人不是一个固定的容器，只能容纳"那么多"的东西；人是一条流动的河，有急有缓，无法用单一的某段河流去评判。摆脱自卑，就是摆脱早年原生家庭的信念，停止用旧的思维去思考自己的人生，就是走向成熟与自信的开始。

43 自我同情练习，阻断自卑的困扰

为什么劝自己比劝他人难？

> 对我来说，劝慰自己比劝慰他人难多了，原谅他人却比原谅自己要简单。我经常会因为各种错误、失败责备自己，脑海里不断地播放那些不愉快的片段，看见的全是自己的缺点。

自卑型人格者在遭遇不愉快时，情感免疫系统特别脆弱。这个时候，反复在脑海中批判自己，无异于雪上加霜。真正有效的

办法是，验证不合理的想法，并尝试自我同情。

○ **验证不合理的想法**

当脑海里冒出一些否定自己的念头，如"我身材不好，不会被人喜欢"时，用提问的方式去验证一下，自己的这些想法是否合理。

Q1：事实是这样的吗？

（反思：为什么有些胖女孩也有人喜欢？）

Q2：这个结论成立吗？

（反思：身材不好是否代表一无是处？）

Q3：这样想有用吗？

（反思：责备自己身材不好，能改变什么？）

如果能够诚实地回答这些问题，就会从僵化的思考中抽离出来，让思维变得开阔，更加理性地看待问题、看待自己。与此同时，还要尝试同情自己，让情感免疫系统得到恢复。

○ **自我同情**

Step1：描述近期发生的一件事，写出具体情节和自己的感受。

Step2：想象一下，这件事发生在你的家人或密友身上，他会有何体验？

Step3：你不希望对方如此痛苦，决定给他/她写一封信，表达你的理解、同情与关心，并让对方知道，他/她值得你这样做。

Step4：重新描述你对这件事的体验和感受，尽量做到客观，杜绝消极的评判。

这是一件很有挑战性的事，它打破了自卑型人格者一贯的思维模式，中途可能会出现不适或焦虑。但如果能够坚持定期重复，可以有效地提高自卑型人格者的情绪弹性，减少自我批判，最终让自我同情变成一种自动的反应。

PART 07

高敏感型人格
痛苦的背面是天赋

你需要喜欢上作为一个高度敏感型人的自己，合理安排你的生活，减少冗余的信息和刺激，迎合自己的需求。
——《高敏感是种天赋》

44 阿怪：我的存在是一个"麻烦"

> **内心独白**
>
> 父母说我"想得太多"，朋友说我"善感多愁"，同事说我"玻璃心"，伴侣说我"敏感多疑"……也许，他们说得都对吧！这就是我，敏感又脆弱的我。

在大家眼里，阿怪是一个"高冷"的人，有人给他起外号叫"冰咖"。对于那些没有恶意的戏谑，他不会产生恨意。其实，他也觉得自己有点儿"冰"，有点儿像"怪咖"。他不知道自己脑子里那些乱七八糟的想法都是怎么来的。它们就像影子一样，无声无息，却赶不走。

阿怪讨厌人多的地方，大部分的时候，他都是一个人待着。独处能让他卸下紧张不安的盔甲，暂时松一口气。他总是担心，自己的存在会给别人添麻烦，似乎他就是一个"麻烦"。

有时，老板一句无心的评议，直接把他推入情绪的深渊，挣扎许久才能缓过来；同事露出一个不耐烦的神情，他也会反思是不是自己做错了什么；朋友无意间开了一个玩笑，他却感觉内心隐隐作痛，似乎那个玩笑里夹杂着讽刺他、嘲笑他的成分；要是伴侣一天没有给他发消息，他就会忐忑不安，觉得自己对她而言没那么重要。

他见不得、听不得悲伤的故事，就算是与他的现实生活毫无关联的负面社会新闻,也无法阻挡他对当事人产生强烈的共情,并萌生感同身受的痛苦。在多数人看来,天气变化本是常态,他却可能会因为雨雪天的到来而沉闷不已。

在他看来,别人都挺好的,唯有他一无是处,也不敢去争取内心渴望的东西。说实话,阿怪总是不自觉地讨厌自己,也讨厌脑子里那些敏感至极的神经。

45 你有高敏感型人格的特质吗

来,做个小测试!

· 没有安全感,经常怀疑自己是否优秀,能否让别人喜欢自己。

· 试图避免一切失误,如果不小心伤害了他人,会产生强烈的愧疚感。

· 与人争辩时不知道该说什么,到了第二天才反应过来该如何回应。

· 不喜欢人多的场合与群体,更喜欢人少的小组织。

· 面对大量的信息和变化,很容易感到焦虑不安。

· 在别人眼中的小事,对自己却可能造成强烈的打击。

· ……

如果上述情况大部分让你产生了共鸣，那你很有必要认真了解"高敏感型人格"。

高度敏感型人格，是美国心理医生兼研究员伊莱恩·阿伦首次提出的概念。她在《高敏感人群》中指出："敏感人群常常被误认为只是少数群体，不同文化影响着人们对敏感个性的看法。在轻视敏感个性的文化中，高敏感人群往往更容易低自尊。他们被要求'别想太多'，这让他们觉得自己是不够强大的异类。"

高敏感者在生活中并不少见，相关数据显示：对独处和安静有高需求的内向人群，在世界人口中所占的比例高达1/3，而内向者中70%是高敏感者，两者之间有不可忽略的共性。

从这个角度来说，高敏感型人格是内向型人格的一种变体，只是在"高敏感"这个词没有诞生之前，人们选择用内向去概括形容这些人。实际上，并非所有内向者都是高敏感的，有些人表面看起来大大咧咧的，但也可能拥有这种人格特质。

提到"敏感"，多数人总是不自觉地与多疑联系起来，故而在看到"高敏感"时，也有了先入为主的看法。对此，我们需要澄清一个重要的问题：在同样的情形和刺激下，每个人的神经系统的受刺激程度存在差异，具有高敏感特征的人群，能够感受到被他人忽略掉的微妙事物，自然而然地处于一种被激发的状态，这是一种生理特征。所以，高敏感不能从字面意义上来理解，它指的是人的一种正常的人格特征的维度，更像是一个变化的区间。

46 认识高敏感型人格的两面性

"我眼中的自己"

> 我是一个很自我的人，每天最喜欢做的事就是找个安静的地方胡思乱想，或是什么都不想，任由自己发呆。我不向往锦衣玉食和功成名就，只要不为生计劳苦奔波就很满足。我害怕奢华、热闹的场面，担心自己会迷失，变得无所适从。
>
> 我经常会暗自神伤，哪怕是面对深秋的落叶，也会有悲伤的情绪，我觉得自己是个彻头彻尾的悲观主义者。我怕别人误解，怕自己的感情世界支离破碎，害怕生命中存在无法弥补的缺憾和不足，渴望内在被人了解和认同……可这一切，似乎很难。

有没有读出"林黛玉"的影子？黛玉就是一个高敏感型人格者，《葬花吟》里那一句"一年三百六十日，风刀霜剑严相逼"就是她最真实的感受写照，花开花落不过是自然现象，可她却能以己度人，感同身受于落花残红无人理的境遇。这种敏感的天性，也让她在琐碎的生活中受到了不少的伤害。

如此说来，高敏感型人格的特质给人带来的负面影响是不是更大一些呢？

心理学家荣格解释说："高度敏感可以极大地丰富我们的人格特点，只有在糟糕或者异常的情况出现时，它的优势才会转变成明显的劣势，因为那些不合时宜的影响因素让我们无法进行冷静的思考。没有比把高度敏感归为一种病理特征更离谱的事。"

当敏感超过了客观事实，用想象中的"事实"去衡量实际问题，才是让高敏感者身心受到负面影响的关键。在《高敏感是种天赋》一书中，作者强调说，高敏感人格也是上天赐予的礼物，可以给人带来人生加成。因为高敏感的人天生具有非凡的创造力、想象力、洞察力、激情和爱心，且有较强的独处能力。

高敏感型人格的特质，都有哪些积极意义呢？

- 有敏锐的直觉，会深刻思考并寻找问题的答案，是很好的团队合作者。
- 喜欢独立运动，可以远离喧嚣，摆脱外部环境的刺激。
- 对周围环境和人的变化很敏感，会注意到许多被他人忽略的细节。
- 情感丰富，有较强的共情能力，在他人遇到困难时，会给予关心。
- 很在意自己的行为表现，以及对他人的影响，因而很重视礼节。
- 内心细腻，在深度人际交往中会得到更高的评价和更多人的喜欢。
- 富有想象力、创造力，思维活跃，容易成为思想家、艺术家。

高敏感型人格，既有独特的优势，也有负面的影响。对于高敏感者来说，不必为了自身的人格特质而一味地否定自我。真正有益处、有实际效用的做法，是学会如何平衡这种人格特质带来的负面影响。你不必成为自己以外的任何人，你只需成长为更好的自己，就足够了。

47 高敏感型人格是怎样形成的

敏感是一种智慧

> 高敏感作为一种人格特质，有遗传方面的因素，可以说是人类千万年进化所得。哪怕一个人再钝感，他的内在也有百万年先人的生存智慧，敏感就是这种生存智慧之一。敏感是一种意识扩大的表现，可以让我们捕捉到更多的外界信号，并迅速做出反应。

那么，高敏感的人格特质是否全是遗传因素使然呢？

不！先天因素只是一个很小的方面，高敏感的人格特质更多是后天形成的：

○ 成长过程中严重缺少关爱

个体受关爱的程度，对于其性格的影响是很大的。通常来说，如果受到的关爱比较恰当，也就是规矩和爱并存，个体就容易养成独立而温和的个性；如果只有爱而没有规矩，也就是溺爱，个体就容易变得自私、爱抱怨，且承受能力差；如果个体受到的关爱严重匮乏，就很容易形成敏感、自卑的个性。

○ **长期生活在危险的环境中**

个体长期生活在比较危险的环境中，很容易变得敏感。最常见的情境就是家庭暴力，有些孩子一犯错就被打，他们自然会变得小心翼翼，避免给自己带来痛苦。不仅如此，他们还会从父母的眼神或语气中解读他们的心情；尽量做到听话和保持安静，甚至走路都怕吵到他们。在这样的环境下，他们大部分的精力都用来防备和警惕，时刻处于"高耗能模式"。

48 叫停灾难性思考，减少负性思维

我想变得"麻木"

在每天接收到的信息中，总是那些负面信息更容易引起我的注意。说实话，我迫不及待地想要变得"麻木"一点，这样能让我的脑子变轻松。

无论是哪一种原因造成的高敏感，最终都会导向一个疑问：怎样才能不这么敏感？

高敏感者想要减少这一人格特质给自己带来的负面影响，就要树立一个正确的认知：不要去对抗高敏感，而是要放大优势、减少隐患，找到适合自己的生存方式。换言之，就是要控制自己的负面思维，当内心的思绪困扰自己时，引导自己朝着正面的方向走。

1. 用积极信息对冲消极信息

高敏感者容易关注消极面，看到花开，随即就想到花落；开始恋爱，随即就想到分道扬镳……这是一种自我保护机制，但时间久了，就会扭曲认知。毕竟，你关注的消极内容不是全部的事实，只是一部分或一种可能，你要不断强化积极的信息，让认知重新获得平衡。

换句话说，感受到负面信息不是敏感特质的错，真正导致痛苦的是对信息的选择和认知。所以，在认知加工之前，要及时给自己补充积极信念，不放任自己径直走向消极。

2. 及时叫停灾难性思维

高敏感的人想象力丰富，经常会冒出各种各样的灾难性思绪，遇到问题很容易想到最坏的结果，让自己焦虑不安。所以，高敏感者要学会及时叫停灾难性思维，提醒自己说："如果最坏的情况发生了，到时候再想办法解决也不迟，毕竟现在还没有定局。"就算结果朝着不太理想的方向发展了，也要学会在苦难中找寻意义，而这其实是高敏感者的强项。

3. 让思考变得富有意义

高敏感者在接收大量的外界信息后，大脑会不受控制地去想很多事。从某种意义上来说,"想太多"本身并不是问题,真正的问题是把它视为一件坏事,拼命地压制它。

如果无法停止思考,那不妨让思考变得有意义,试着将它们梳理一下:我到底在想些什么?我的分析和判断是什么?可能的结果是什么?把问题想透彻,可以有效地降低焦虑。

有人说,高敏感者的身上有一个"开关",学会利用这个开关去选择自己要关注的信息,就能够减少负性思维和影响,找到让自己舒适的状态。我觉得这个形容还是挺恰当的,摆脱了灾难性的思维桎梏,减少了自我内耗,自然会感觉轻松不少。

49 尝试去做有利于放大优势的事

别为难自己了

> 我动不动就会陷入自责中,为了那些别人能够做到而我却做不到的事情。我总在想,该怎样做才能和别人一样?可是,越给自己制定高标准,就越是达不到,就像是掉进了怪圈。

不愿意承认每个人都有局限性,自然会触发一连串的消极反应。

对高敏感者来说，想让自己与世界更好地相处，更加轻松快乐地生活，就要尝试去做一些有利于放大敏感优势、减少隐患的行为，带给自己不一样的体验，从而更好地接纳自己。

1. 说出真实的感受

当别人向你寻求帮助时，如果过去你总是习惯说"好"，那么现在也可以试着说"不可以"，不用时时刻刻都把别人的需求放在第一位。在你做不到的时候，不要委曲求全。

2. 呈现真实的自己

伪装自己，压抑内心的感受，活成"别人期待的样子"，是一件很耗费精力的事。尝试着呈现出真实的你，说出你真实的感受，可能不那么完美，但你也会有全新的、被肯定的人生体验。没有完美的人，就算有缺点和不足，也不意味着你不值得被爱。呈现出真实的自己以后，你才有更多的精力去支持自己与他人交往，维持更长时间的社会活动。

3. 远离敏感的环境

知道自己不擅长什么，在什么样的环境下会感到压抑和痛苦，且尝试过努力调节，却始终无效。面对这样的情况，就不要勉为其难了，可以适当回避那些会触发消极反应的环境。没关系，这不是懦弱，而是认清自己之后的一种自我保护。

4. 充实自己的生活

高敏感的人要学会充实自己的生活，太闲了容易胡思乱想，过度解读外界传达的信息，也很容易放大自己所处境况的严重性。无论是工作、看书、运动还是养花，找到自己喜欢的事，给生活涂上颜色，享受这些事情带来的美好体验，就不容易去胡思乱想了。

总之,高敏感者应当学会为自己的这一特质感到庆幸,哪怕它偶尔会给你的生活带来一些困扰,但只要你能够适当地控制负性思维的影响,你就会比其他人感知到更多的美好。

PART 08

强迫型人格
只愿一切井然有序

学着对真实的自我形成良好的感觉,

从内心着手提高自己的尊严,

承认自己不可能永远保持完美,

也不需要永远保持完美。

——《你的生存本能正在杀死你》

50 洪欣：我为自己"画地为牢"

> **内心独白**
>
> 我习惯把自己置身于各种规则框架中，用高标准要求自己，不断地进行学习、考证；这种习惯性的生活方式，让人到中年需要在生活家庭方面投入更多精力的我，很难以做出灵动的调整。我时常感觉，我置身于枷锁之中。

洪欣在一家国企做行政，丈夫在机关单位上班，家里还有一个12岁的女儿。她的家庭关系良好，经济上没什么负担，工作也相对稳定。可即便如此，洪欣依旧不停地读书、考试，她获得了会计学的第二学位，还通过了两门职业资格考试。

这些资格证书对洪欣来说用途并不大，可她似乎习惯了这样的状态，怎么也停不下来。准备报考社会工作师的她，在临考前半个月产生了强烈的焦虑情绪，心慌不安，总是做一些和考试有关的梦。

洪欣参加社工考试，只是为了多拿一个证书。她对心理咨询师说："从小到大，考试对我来说简直就像家常便饭。按理说，经历过这么多次的考试，我应该'百毒不侵'才对，想不通为什么我会为了考一个资格证紧张得寝食难安。"

"如果不参加考试会怎样呢？"咨询师问。

"不考试，我也不知道自己该做些什么。"洪欣回答。

说起生活的其他方面，洪欣告诉咨询师，她从来不做没把握的事，喜欢按部就班，不愿意打破习惯；做任何事都要提前制订计划，不能有一点儿差池。她担心自己的行为会影响到孩子，却又不知道该怎么改善。

咨询师让洪欣在一张纸上随意地画线条，表达她当下的心情。她先是规整地画了三条横线，又垂直交叉地画了三条竖线，大小长短几乎一致。画完之后，思考了一会儿，又补充了六条线，上下各一条横线，左右各一条竖线，两条交叉的对角线。

"能告诉我，你为什么要这样画吗？"咨询师问。

"就是随心画的。"洪欣说。

"你觉得这些线条像什么？"咨询师继续问。

"条条框框……嗯，像牢笼。"洪欣说。

这幅画是洪欣的心理投射：线条整整齐齐，大小几乎统一，最后补充的几笔线条，又将原来的图形框在其中，似乎是不愿意让任何线条超越界限。这，也正是洪欣内心的矛盾所在。

51 渴望一切完美有序的强迫型人格

刷牙的标准化流程

> 早晨刷牙的时候,洪欣一直在想,刷牙的正确方法应该是牙刷和牙齿呈45度角,上下轻刷,在牙齿咬合面前后轻刷,每个刷牙位置至少应该轻刷10次,每次刷牙时间至少持续3分钟,而且不要忘记刷刷舌苔……她按照这一个个标准来检验自己刷牙的方法是否正确,并且一项一项地检查,如果自己哪一项没有做到,就会觉得这次刷牙是失败的。

在洪欣的身上,可以清晰地看到强迫型人格的影子。

强迫型人格者,往往都存在完美主义的倾向,对自己要求甚严。这一特质带给了他们自律和优秀,但也让他们活得如履薄冰,时常担心自己做得不够好,害怕因犯错而影响前途。

对不完美的恐惧驱使着强迫型人格者紧盯细节,不允许自己出现任何差错。与此同时,对不完美的过度忧虑,也阻碍着他们的发展。因为世界本就不完美,固执地追求完美,只会让他们看到自己对现实的无能为力,从而变得急躁、自卑,甚至是急功近利。

强迫型人格者的内心有着多重原则和标准，做任何事都以符合标准为成功的表现。一件没有标准的事情，通常会让他们感到无所适从。这个标准，可能是公司的作业流程、品质的要求、职位的责任、父母的教诲、社会的伦理道德等。无论是什么标准，他们都会严格遵守，如果达不到原则和标准，就会感到失望和痛苦。他们不但这样要求自己，也希望别人这样做，看不惯别人稀里糊涂地过日子，也看不惯别人对待工作懒散、不严谨的态度，认为自己有责任监督、教导对方，让他们有所改变。

强迫型人格者思虑过多，内心总是笼罩着一种不安全感，经常处于莫名的紧张与焦虑中，对节奏明快、突如其来的事情总是显得不知所措，难以适应，接受新事物较慢。在人际交往中，经常会给人一种僵固、刻板、缺乏生命活力的印象。

不过，强迫型人格者也有他们的长处，那就是在重要的问题上严格遵守程序，重视安全性，谨慎对待调查数据，对产品质量的要求一丝不苟，力求精益求精。只要把强迫型人格者追求完美的执念控制在合理的范围内，这一人格特质还是能够凸显出独特优势的。

52 强迫症和强迫型人格有关系吗

> **"我知道没必要,但我控制不了……"**

> 我害怕各种各样的脏东西,听到别人咳痰就浑身起鸡皮疙瘩,担心痰会溅到自己身上;走在路上,看到一些脏东西也会作呕,总怕它们沾染到自己身上。因为有了这样的担忧,我开始频繁洗手,从最初的十几次,逐渐增加到几十次、上百次,明知道没必要,却控制不住。
>
> 当洗手的问题变得越发严重后,我没办法正常上班了。同事递给我文件,我不敢用手去接;公司的电话,我也不敢去碰,一想到电话上可能沾染了别人的口水,就恶心得受不了。我不停地往卫生间跑,可公司的卫生间是公用的,我一想到上面有不少细菌和粪便,就浑身不舒服……我害怕别人发现自己的问题,就提出了离职。

以上内容是一位强迫症患者的自述,他清晰地向我们展示了强迫症的典型症状。

强迫症,是一种以强迫观念和强迫行为为主要临床表现的心理疾病,最主要的特点就是有意识地强迫与反强迫并存,一些毫无意义甚至违背自己意愿的想法或冲动,反复地侵入患者的日常生活。虽然患者体验到这些想法或冲动是来自自身,并极力地反抗，却始终没办法控制。两种强烈的冲突让患者感到巨大的痛苦和焦虑，影响正常的工作和生活。

强迫症患者能够清楚地意识到，反复洗手、洗澡、检查等行为是没意义的、荒谬的，可又没办法控制住自己不去做……然后，就陷入了恶性循环的怪圈：强迫行为暂时地缓解了强迫观念带来的焦虑不安，但随着强迫行为的持续和不断重复，又让患者脑中的强迫观念变得越发顽固，难以拔除。就这样，患者必须面对双重的折磨——被强迫观念围攻，还要重复那些让自己痛苦的、尴尬的强迫行为。

了解了强迫症，我们再对比强迫型人格者的日常状态，会发现两者存在本质的区别：

"我喜欢把东西排列得整整齐齐，把物品按照不同的标准进行分类，书桌上所有的东西都会安排平行或垂直的顺序排列。我的课堂笔记本十分精美，几乎每一页都是精心设计的，清一色的楷体字，用不同的颜色画出重点。小组做实践活动时，我总是热衷于做计划，希望大家都严格按照计划行事……"

现实生活中，多数人只是存在强迫型人格的特质，比如：出门后总担心自己没有关燃气、没有锁门；摆放物品总要按照一定的秩序，打乱就觉得难受……千万不要轻易地给自己和他人扣上"强迫症"的帽子，两者根本不是一回事。

53 从完美主义者走向最优主义者

文森特之死

文森特在成为白宫法律顾问之前，职业生涯一直是很顺利的。据他的同事讲，他在事业上没有经历过任何的挫折，连一点小失败都没有。后来，由于出现了政治丑闻事件，他深感内疚。这件事让他觉得自己很失败，他没办法接受自己出现任何的纰漏，最终选择了自杀。

仅仅一次的失败，就意味着整个人生都沦陷了吗？在文森特看来，情况就是如此。

可是，在英国作家琼恩眼里，"失败"却有着另外的含义："失败只是意味着剥去了生活中无关紧要的东西……现在，我终于自由了，因为我最大的坎坷已成为过去，而我依然健康地活着，这就是上天对我最大的恩赐。曾经横亘在我生命旅程中的那些障碍为我重建了生命的扎实根基……失败并不是完全意味着不幸，它给我带来了内在的安全感。失败让我认识了自己隐藏的、未知的那一部分，而这些是无法从其他事情中学到的。"

同样是"失败"，为什么人与人的看法有如此大的差异呢？关键的差别就是思维方式不同。心理学家从能否从容地接受失败的角度，把人的心理划分为两种：一种是"消极的完美主义"，另一种是"最优主义"。

○ **消极的完美主义**

在心理学上,具有消极完美主义模式的人存在比较严重的不完美焦虑。他们做事犹豫不决,过度谨慎,害怕出错,过分在意细节和讲求计划性。为了避免失败,他们将目标和标准定得远远高出自己的实际能力。

多数强迫型人格者就属于这一类型,他们很难着手去做一件事,喜欢拖延,一想到可能遭遇失败,就会选择放弃;容错率特别低,任何事情稍有瑕疵,就全盘否定,陷入沮丧和自我怀疑中。这样的状态,经常让强迫型人格者陷入精神内耗之中。

○ **最优主义**

最优主义者也有很高的期待和目标,但不被"害怕不完美"的想法束缚,也不会陷入到极端思维中,认为稍不完美就是失败。他们会给予自己更大的空间进行调整。实现目标之后,也会获得成就感和满足感。

以作家村上春树为例,他说自己无论状态好不好,每天都会雷打不动地写4000字。如果实在没有灵感,就写写眼前的风景。即便写得不够好,也还有修改的机会和空间,一鼓作气写完第一稿,就是为了能给后面的修改提供基础,最糟糕的是没有内容可修改。

○ **"3P"理论:从完美主义走向最优主义**

哈佛大学积极心理学与领袖心理学讲授者泰·本博士提出过一个"3P"理论,对消除消极的完美主义倾向有一定的帮助:

1.Permission——允许

接受失败和负面情绪是人生的一部分,要制定符合现实的目标,采用"足够好"的思维模式。不必要求自己非得达到令人望尘莫及的高度,符合60分的标准,就要给自己一些鼓励和认可,不必非得达到100分的标准,才认为是好的。

2.Positive——积极面

看事物的时候,要多寻找它的积极面。即便是失败,也要把它当成一个学习的机会,看看是否能够从中学到点儿什么。

3.Perspective——视角

心理成熟的人,具备一项很重要的能力,就是愿意改变看待问题的视角。你不妨问问自己:"一年后、五年后、十年后,这件事还这么重要吗?"当我们试着从人生的大格局来看待问题,就像拍照时拉远了镜头,视角会变大,能够看到一个更宽阔的视野。

54 与强迫型人格者相处的注意事项

不带指责地批评

岑岚做事总是比别人慢几拍,总是拖延上交任务的时间。原计划一天要修改两篇稿子,可因为吹毛求疵,她三天才修订完一篇。她个人的工作效率,已经影响到了整个团队的效率。

> 主管希望岑岚能认识到自身的问题，可他没有直接批评，也没有说岑岚拖延、吹毛求疵的事。他知道岑岚的症结不是故意"磨洋工"，而是自我要求太高。他把岑岚近期负责的任务全都列了出来，并且标出了完成任务所用的时间和结果。
>
> 看到无法否认的事实，岑岚也意识到了，她在细枝末节上做了太多无意义的纠缠，导致整体进度受到了影响。她在跟自己较劲的过程中，忽略了时间和重点，那些真正重要的事情都被搁置了，致使整个团队被拖了后腿。

不得不说，岑岚的主管是一个极具洞察力的管理者，他知道下属个性，没有粗暴地要求岑岚改变做事方式，而是用一种符合"强迫型人格"的做事方式——清晰明了地罗列事实，有理有据地指出了岑岚的问题。

这也提示我们，跟强迫型人格者相处或共事，要了解他们的性格特点、做事风格。这里有几条小的建议，希望能给大家提供一些思路：

1.尊重强迫型人格者严谨有序的态度，不轻易打破计划

强迫型人格者重视秩序感，总想把事情做到极致、减少纰漏。对于他们严谨有序的态度，要给予尊重，不能粗暴地指责或反驳，认为他们小题大做。尊重意味着允许对方按照他特有的方式生活，并尽量不去干扰和破坏它。强迫型人格者不喜欢秩序被打乱，定好计划，最好严格地执行，不要临时穿插"紧急任

务"，这会让他们感到烦躁。

2.信守对强迫型人格者的承诺，有特殊情况要尽快告知

在与强迫型人格者相处时，一定要信守承诺。如果中途出现特殊情况，务必尽早告知对方，并明确表达歉意，让他们感觉你是"可靠"之人；无法兑现的承诺，尽量不要开口。

3.看到强迫型人格者的优势，安排能发挥出其长处的事项

强迫型人格者做事一丝不苟、不厌其烦，可以很好地完成某些特定的工作任务，尤其是对细节要求较高的事项。如果你是企业管理者，不妨尝试将会计、财政、质检等工作安排给具有强迫型人格特质的下属，让他们最大限度地发挥其人格特质。

4.引导强迫型人格者学会放松，减少精神上的紧张和压力

强迫型人格者总是紧绷着一根弦，哪怕是参加庆功宴，也难以长舒一口气专注地享受当下的喜悦，而是惦记着接下来要做的事情。所以，在跟强迫型人格者相处或共事时，要引导他们参与到有趣的活动中，让他们体验到放松的益处，减少精神上的紧张和压力。

PART 09

自恋型人格
我不爱自己谁爱我

我们并不总是能够全然知道自己究竟是谁,有何价值。
因此我们努力经营生活,期待获得更好的自我感觉。
——《精神分析诊断:理解人格结构》

55 小偷女友：一个令人痛苦的伴侣

> **内心独白**
>
> 她是我的女友，向来以自我为中心。跟别人比起来，她觉得自己是最聪明、最漂亮、最与众不同的，不允许任何人比她表现得优越，哪怕别人根本没有这样的想法。我知道她有强烈的自我表现欲，但我怎么也想不到，家境优越的她竟然会成为小偷。

当室友对我说，妍妍在学校偷同学的手机被监控拍下来时，我满脸惊愕。

妍妍是我的女友，周围人包括我在内，谁都不敢相信，这件事情竟然是她做的。妍妍的家境优渥，父母是外企的高管，在北京有三处房产，她所用的东西都是名牌货，手机更是最新款。我实在想不通她为什么要偷同学的手机。

在还回同学的手机并接受严厉的处罚后，妍妍告诉我，她要休学了，没办法继续在原来的班级待下去。相处半年多，我对妍妍的了解并不全面，很多事情也是在她休学之后，我才听身边人说起，比如妍妍在宿舍里做过不少"欺人"的事。

妍妍每天5点半起床化妆，前后要花费一个多小时。她喜欢别人向自己投来"欣赏"的目光。恰好，寝室里有个女孩天生皮肤白皙、气质也很好，妍妍内心涌起了嫉妒，就经常"贿赂"其他几个室友，联合起来孤立那个女孩，经常在人家上晚自习回来之前，就把灯熄灭，让人摸着黑去洗漱和收拾。

妍妍经常会把一些护肤品送给室友，因为都是品牌货，室友们也乐得接受，她很享受室友们围着她，连声说"谢谢"的样子，好像自己是个"女王"，赏赐给了她们珍贵的宝贝。然而，她私下里给朋友打电话说，那些都是她不喜欢的或是别人送的。

就偷手机这件事来说，她并不是想要同学的那款手机，因为她自己的手机已经是最新款的iPhone了，但她不喜欢看到有人和她用得一样。她喜欢周围的同学都围着她转，而不想有人"夺"走这份关注。

妍妍之前交往过一个在医学院读研究生的男友，她跟我说是性格不合。后来我才知道，她是出于虚荣才跟对方交往，总是在人前炫耀说自己的男友未来会是出色的外科医生。两个人的关系只维持了一年，对方就提出了分手。妍妍很生气，她不允许自己"被分手"，就跑到了男友的学校大吵大闹。

坦白说，尽管相处只有半年多，但我已经萌生过好几次分手的念头了。我觉得，她接近我似乎也有"某种目的"，因为她曾经向周围人打听过我的家庭情况，以及我父母的工作。结合相处过程中的一些细碎之事，以及从别人口中听到的关于她的种种行为表现，我觉得她太过自恋了，既认不清自己，也认不清现实。

56 分清健康的自恋与病态的自恋

水仙花情结

自恋的英文单词是narcissism，这个词语起源于希腊神话。

相传，河神与水泽女神之子纳西索斯，是一位长相非常俊美的男子，他生下来就有预言：只要他不看见自己的脸，就能够一直活下去。待他长大后，许多漂亮的女子都爱上了他，可他都不为所动。直到有一天，纳西索斯打猎回来，看见了清泉里的自己，他被自己的美貌打动，爱上了自己的倒影，始终不愿离去，最后枯坐死在了湖边。死后的他化身为水仙花，依旧留在水边守望自己的影子。

这是最早关于自恋的传说，待心理学发展起来后，人们就用"水仙花"来形容一个人"爱"上自己的现象。自恋是个体通过自我、情感的调节加工，保持一个积极的自我形象的能力，是个体自我确认和肯定的基础。事实上，每个人都会有自恋的倾向，这是无法避免的，因为我们本身就需要有一定的自我保护功能，确保本我精神的强大，我们才能不被外界的打击伤害。

○ **健康的自恋**

健康的自恋，指的是一个人拥有稳定的"我是好的"的自我评价,但在肯定自己的同时,也能够接受自己不太完美的部分,这些缺陷不会让他对内在自我进行否定,比如:"我觉得自己还不错,只是眼睛有一点小,但也没关系,毕竟世间没有完美的人。"

适度的自恋是有益处的,特别是在竞争的环境中,自恋者能够更加自如地展示自己,很少患得患失、瞻前顾后,也不太惧怕失败,因为他们认为自己是最有能力的。

在日常生活中,自恋者不太会在意他人的看法,会力争自己想要的东西,比如:餐厅的面包口感不好、找回的零钱有些破旧、背景音乐不好听,他们都会找来管理人员,力求得到自己想要的结果。在同样的情况下,许多人会选择听之任之、保持缄默,但自恋者不会善罢甘休,他们不去想会不会惹人不高兴,只会认为这是自己的权利,值得去捍卫。

○ 病态的自恋

当自恋过了头,就会演变成人格障碍,对自我价值感过分夸大。

具体来说,自恋型人格障碍者会表现出以下几种行为特性与模式:

(1)认为自己与众不同,只能被其他特殊的或地位高的人所理解。

(2)希望被他人欣赏和崇拜,但本身缺少与之相配的能力与成就。

(3)对侮辱、失败和批评过于敏感,并有侵略性反应。

(4)思想被权利、财富、成功、漂亮、爱情等幻想占据。

(5)没有同理心,不愿识别和认同他人的情感与需要。

（6）很容易嫉妒他人，却反过来认为他人嫉妒自己。

（7）好高骛远，为实现不切实际的目标采取极端的手段。

（8）在人际关系上剥削他人，经常为了达到自己的目的而利用他人。

严格来说，要确定是否属于病态自恋，需要先排除个体是否存在器质性病变，再通过精神科医生进行专业测试，才能真正地确诊。不过，我们可以将上述所列举的这些行为特质作为参考，毕竟病态的自恋会严重影响患者的人际关系和社会生活。

57 自恋型人格者如何看待自我和他人

言行不一

Lucas因失恋走进咨询室，他不愿失去自己的前女友，想要挽回这段感情。

谈及分手原因，Lucas似乎很清楚，他说："我知道自己的脾气不好，控制欲太强。可我做得够多了，我付出了一切，她早就应该回头，却表现得很绝情。"

咨询师明显感觉到，无论是对待前女友的态度，还是身在咨询室内，即便Lucas想要求助，他仍然表现出一副

> "高高在上""我什么都知道，不需要你干涉"的姿态。他把自己的付出形容得天花乱坠，可咨询师并没有看到他做了任何真正有利于挽回的行动。

自恋型人格障碍者，总是觉得自己和别人"不一样"，应当比其他人得到的更多，且所有人都要尊重这一点。在他们看来，规则是给普通人设定的，不适用于自己。以"高铁霸座"来说，我们都知道这是违反规则的行为。如果当事人是一个病态的自恋者，当你指出其问题所在时，他不仅不会感到尴尬，反而还会燃起愤怒：为什么我不能这样做？凭什么让我这样一个不同寻常的人物去遵守平常的规则呢？然后，他就会一直霸占着座位不肯动弹。

现实中多数的自恋型人格者，在为人处世时尚且不会表现得这么极端。他们可能会在团队合作中，表现得比较张扬、无视其他同事，给人一种特立独行的感觉；或是在亲密关系中，只考虑自己的需求，忽略对方的感受，认为对方就得无条件地关注自己，对自己呵护备至。

如果自恋型人格者本身才华横溢且颇具魅力，那么别人对他们的自恋也会给予较高的包容度，甚至会欣赏他们的自信与侃侃而谈。但问题是，自恋者总是想获得更多，并最终变得令人难以忍受。所以，在工作方面，自恋型的领导很容易引发下属的怨恨和消极情绪，给公司带来损失；在情感方面，自恋型的人也很难与他人建立亲密而热烈的关系。

另外的一些研究结果显示，自恋型人格者比普通人更容易在遭遇"中年危机"时陷入抑郁。他们一向自命不凡,倘若人到中年尚未实现早年的梦想,甚至与预想中的生活大相径庭,这会让他们对"我是不同寻常之人""我比别人强"的自我形象产生怀疑。对他们来说,这种自我形象和理想生活的破灭,足以成为致命的打击。

58 为什么会形成自恋型人格

撒谎的女总监

欧雅若,出场时是知名企业的珠宝设计总监,漂亮优雅有才华,在事业上也很努力。同时,她还有两个令人羡慕的身份,一是科学家的女儿,二是企业继承人兼总经理的未婚妻……这一切真是完美至极,简直像是没有后妈的"白雪公主"。

随着剧情的深入,这个女人开始露出面具下的真实自我,让人不禁感慨和吐槽她的虚伪、自私和心机。可是,她为什么要这样做呢?原来,在那份傲慢自大、优秀出众乃至不择手段的背后,还藏着一个可怜又可悲的事实:她根本不是什么白雪公主,甚至连灰姑娘都不如,她的真实

> 身份是一个杀人犯的女儿!
>
> 在成长的过程中,欧雅若长期遭受父亲的家暴,并目睹父亲的各种恶劣行迹。父亲被捕后,她成了无人照看的"孤儿",但这对她而言已经很好了。由于从小家境极差,导致她十分要强,甚至有些不择手段。就这样,她慢慢地往上爬,试图摆脱过去的一切,并给自己精心打造了一个"科学家女儿"的人设。
>
> 这个掩饰多年的秘密逐渐被揭开,一切都在不断脱轨。最后,欧雅若所有的算计、隐忍和希望,通通化为泡影。

欧雅若这个形象来自影视剧,却是十分真实的。借由她,我们也能够直观地看到,自恋型人格者为了让自己更容易被他人接受,拼命地饰演着自命不凡的角色,可事实的真相是,他们一直在跟内心的不足感斗争,这种自恋倾向也在破坏他们与周围人的关系。

那么,自恋型人格到底是怎么形成的呢?为什么有些人的自恋很健康,有些人的自恋却发展成了病态的呢?自恋形成的原因是复杂的,在众多的因素中,影响最大、破坏性最强的是以下两点:

○ **自恋创伤**

自恋创伤,就是自恋患者在成长过程中负性的生活经历,即感觉真实的自己不被他人接受,或被认为不好。这种情况通常在童年期出现,并且以特定的方式影响着他们。

从那时起,他们就戴上了人格面具,与真实的自我相违背,以换取他人的接受、尊重、认可,从而避免痛苦、侮辱与伤害。这种补偿机制,可以帮助他们抑制内在的羞耻感,以及对自我的厌恶感。很显然,欧雅若就属于这种情况。

○ 自恋放纵

自恋放纵,通常是家庭、社会、教育或职业等因素影响了自恋者的认知,让他们觉得自己比他人更特殊、更优越。这种认知让自恋者觉得,他们有权利获得特殊优待,不应该受规则的束缚,也应当被周围人迎合着、追捧着,这是他们的"自然权利"。

放纵的自恋者虽然在外在上看起来很傲慢、很自负,但这种病态的本质是,他们的自尊完全建立在外物的装饰上,其内在是一个难以填补的黑洞,被强烈的不安全感与自我怀疑笼罩。当别人无法快速地满足他们的需求时,就会让他们勃然大怒。如果丢失了在人前的那份"优越"的光环,自恋者立刻就会觉得自己像一个无名之辈。

无论是哪一种情况导致的病态自恋,都有一个类似之处:自恋者早年没有得到很好的呵护,没有在重要关系中感受到自己"是否可爱""是否被接纳""是否安全"。

正因为此,自恋者难以与他人建立真正的关系,因为他们的内心世界只有自己,把本应该流向外界的爱和欣赏留给了自己,通过这种对自我的关注和肯定来给自己一些安慰。当然,这些都是在无意识中进行的。

自恋型人格障碍给人带来的最大灾难是,当有一天这种自我肯定不得不面对现实的否定时,即现实无法满足他们的自恋与控制欲时，他们内心那个脆弱的自我将被摧毁，自我世界将彻底崩塌，随之而来的恐惧和焦虑会让他们手足无措，像孩子一样歇斯底里，甚至绝望至极。

59 缓解病态自恋的2个日常练习

自恋人格者追踪调查

> 德国马格德堡大学心理学教授曾对加州大学伯克利分校的237名学生的自恋人格进行过调查和研究，并跟踪了他们此后23年的情况，结果发现："虚荣程度高的年轻成人，人际关系更容易出现不稳定的状况，且在中年时期离婚概率更高；在18岁时特权感最强的人，中年后总体的幸福感和对生活的满意度较低。"

自恋对一个人的影响是很大的，尤其是发展到病态自恋时，要疗愈和完善自我需要漫长的过程，历经痛苦的自我反思，卸下心理防御，直面自己潜在的羞耻感与低自尊。不过，这是一条有意义的人生路，再难，也值得去走。

自恋型人格者，要防止人格朝着病态的方向恶化，可以经常做两项练习：

- **练习1：列出自我中心的行为，循序渐进地改正**

病态的自恋最主要的特点就是以自我为中心，而人生中最以自我为中心的阶段是婴儿期。从这个角度来说，病态自恋者的行为其实是一种退行，就如朱迪丝·维尔斯特所言："一个迷恋于摇篮的人不愿丧失童年，也就不能适应成人的世界。"

要缓解病态的自恋，就要了解自己有哪些退行的行为，可以试着列一个清单，写出"自认为不受人喜欢的人格特征"和"他人对自己的批评"，例如：

（1）渴望持续被人关注和赞美，一旦不被注意就采取偏激的行为。

（2）喜欢指使别人，把自己视为"女王"或"主人"。

（3）对别人拥有的好东西垂涎欲滴，对别人的成功充满嫉妒。

实际上，上述这些就属于退行行为。当意识到这些之后，可以时常告诫自己：

（1）我要努力工作，用出色的业绩赢得他人的关注与赞美。

（2）我不再是小孩儿了，许多事情我可以自己做。

（3）每个人都有属于自己的好东西，我去争取自己应得的，不嫉妒别人拥有的。

在这个过程中，也可以找一位亲近的人作为监督者，让他在你出现退行行为时提醒你，督促你改正。随着时间推移和你的不断努力，以自我为中心的行为就会慢慢减少。

○ **练习2：学会关心，学会付出，学会爱别人**

病态的自恋者认为，自己有理由利用他人来实现自己的目的或愿望。所以，他们与人交往的目的，往往就是利用对方，无法设身处地地考虑对方的权利、感受和愿望，只会掠夺而不知道有所回报。

弗洛姆在《爱的艺术》中提出过这样的观点：幼儿的爱遵从"我爱因为我被爱"的原则，成熟的爱遵从"我被爱因为我爱"的原则；幼儿的爱认为"我爱你因为我需要你"，成熟的爱认为"我需要你因为我爱你"。病态自恋者的爱，就像是幼儿的爱。

爱，并非与生俱来的一种本领，而是通过后天习得的能力。自恋型人格者要完善和纠正性格偏差，必须学会去爱别人。最简单的做法就是：在生活中关心别人，在别人需要帮助的时候，伸出援手；在别人生病的时候，送出真心的问候。尝试付出，尝试关心，尝试给予，病态的自恋就会慢慢减轻。

60
如何避免被自恋型的伴侣操控

"我就是公平！"

网络热播的电视剧《扫黑风暴》中，幕后反派高明远给人的印象深刻。他深居简出，外表儒雅，品味考究，给人一种儒商之感，实则却是心狠手辣、无恶不作的黑社会组织者。

高明远是一个典型的自恋型人格者，甚至可以说是极端自恋的。他把自己做的脏事、坏事说得冠冕堂皇，编造"犯罪有理论"，妄图占据话语权，他说："这么多年了，我就是为了绿藤，几乎我前半生都在编织绿藤这个童话，绿藤经济腾飞、人民安居乐业、处处盖高楼、人人有工作……所有的这些成果，哪一个和我高明远没关系？甚至，绿藤的GDP也是由我来掌控的。我才是绿藤百姓的衣食父母，我才是整个绿藤真真正正想干事情的那个人！你现在管我要公平？我就是公平！"

更要命的是，高明远身边的不少人都被他操控了。他指使人杀害了麦佳的父母，却能让麦佳心甘情愿地爱他；区长董耀想摆脱高明远的控制，险些遭到活埋；他身边的人几乎都是棋子，他没有真情，所追求的也只是一种全能的掌控感。

极端的自恋人格者是危险的，社会福利工作者桑迪·霍奇基斯在其阐释自恋的著作中提到："当你与这些人交流时，他们对现实的歪曲可能会让你怀疑自我并质疑自己的认知。"

极端的自恋型人格者会表现出超强的自信，会竭尽所能让你相信自己是错的，严重地削弱你的自我价值感，让你深陷羞耻之中。现实中不少的PUA事件受害者，正是遭到了自恋型人格者的精神打压。在相处的过程中，自恋者不断地贬低和改造他们，对其进行否定的评价，迫使他们迎合自己心中的标准。

如果你发现关系中的另一方是自恋型人格者，且呈现病态的倾向，不要想着改变他们，要及时止损，彻底远离，不给对方伤害自己的机会。

如果彼此之间关系甚密，无法轻易断开，该怎么办呢？请你务必做好两件事：

○ **第1件事：不要被自恋者的评价带偏**

不要因为自恋型人格者的评价、贬低和指责，就去怀疑自己。要知道，自恋型人格者是以自我为中心的，任何人或事只要不符合他的标准和口味，他都会进行批判。

你要清楚真实的自己是什么样子——你的价值，不要被自恋者对你的评判带偏——那是他强加给你的评价。如此，就等于构建了一道防火墙，让自己免受伤害。

○ **第2件事：改变与自恋者的互动方式**

人与人之间的相处模式，都是在长期的互动中慢慢形成的。好与不好的关系模式，都不是独角戏。习惯性地讨好，会导致自恋者把你的付出当成理所当然；习惯性地妥协，会导致自恋者对你的贬低和打压变本加厉。正如一句话所说：别人对待你的方式都是你所教的。

如果你希望自恋者停止对你的指责和贬低，那就要改变你们之间的互动模式，不要再持续原来的习惯性反应，而要采取替代性反应。

当他指责你的衣品太差时，过去你总是默默地接受，怀疑自己的眼光的确不太好,这就是习惯性的反应;现在你可以不理会他的评价,告诉他你自己对衣品的看法;如果对方说出难听的话,你大可翻脸,告诉他选择什么衣服是你的权利和喜好,用不着任何人指指点点。和过去不一样的反应,会让对方感到惊讶,并开始思考你的意见。

61 — 千万不要直截了当地批评自恋者

这些话不要说出口……

"你太自以为是了吧!"

"你不觉得你很自私吗?"

"你以为你是谁?"

"你别老觉得自己有特权!"

"你就是一个普通人,摆正自己的位置!"

自恋型人格者非常敏感,想要对他们提出批评,一定要讲方式方法,切忌将上述这些话直截了当地抛出来。这样的批评"含金量"不高,不仅没有明确地指出问题所在,又很容易将自恋型人格者激怒。为了维护脆弱的自尊,他们会拼命地去证明你是错的，甚至把你当成死敌，往后再相处的话，也会变得格外艰难。

你可以试着换一种批评方式，指出一个显而易见的事实，但不牵涉对方的具体行为。

比如："这次的活动很重要，你不来参加也没有提前告知，这样的做法让我有点儿生气""我可以理解你责怪小A做事太慢，可她毕竟是一个新人，很多东西需要学习，你还是要给她一点时间"……总之，在批评之前递给他们"一颗糖"，他们会更容易接受。

如果你和自恋型人格者已经建立了一定的信任关系，那么你可能会经常听到这样的声音："琳达真是太笨了，连个表格都做不好""我没法把事情交给那个一无是处的家伙""最讨厌她那种忘恩负义的人了""老赵摆明没把我放在眼里，有什么了不起的"……这些话潜藏的意思就是，那些人没有对他表示出足够的尊重和重视。

这个时候，你该如何回应呢？你可以通过自己的视角去诠释他说的情形，让他意识到，不同的人看待事物的观点有区别，要辩证地看待人和事。当然，在传递这些信息之前，还是要先共情对方，表示你理解他的想法。注意，理解不代表同意和认可，只是在情感上表达共鸣，这样有利于对方更好地接受你的观点。

PART 10

表演型人格
永远要站在聚光灯下

在人前我们总是习惯于伪装自己,
但最终也蒙骗了自己。
——弗朗索瓦·德

62 Lucy：办公室里的"百变女郎"

内心独白

> 我无法忍受自己不是人群中的焦点，哪怕费尽全力，我也要引起众人的注意，博取他们的爱慕或同情。我必须时时刻刻让别人注意我、喜欢我，否则我会感到很孤独、很无助。我自私、没耐心，还缺少安全感；我会犯错，会失控，有时让人难以应付。

Lucy在一家网络技术公司任职，办公室里男同事居多，在这样的环境下工作，她很在意自己的言行和装扮，甚至会刻意装扮——深V领的针织衫、迷你短裙，为的就是秀出自己的好身材，吸引他人的注意。

令人费解的是，若真的"吸引"了某位同事，对方想跟Lucy搭话时，她又会摆出一副高冷的态度——"有事说事，没事勿扰"，这与她性感的装扮形成明显的对比，就好像她从来都没有意识到，她的穿着散发着挑逗的气息。

偶尔，部门召开部门会议，大家围坐着讨论，Lucy故意翘起纤瘦的腿，不时地用手抚摸自己的小腿。几位男同事偶尔会快速地瞥上一眼，而她还是装出一副浑然不知的样子。为此，不少女同事对

Lucy颇有微词，觉得她假惺惺的，完全就是一个"戏精"。

不久前，公司组织团建，订了一栋独立的别墅，吃饭、开会、娱乐休闲集合在一起。大家准备饭菜时，Lucy忍不住想炫耀一下自己的厨艺。实际上，不过就是一道简简单单的小炒肉，她却整得像是"宫廷秘传"一样。到了吃饭时，Lucy刚刚那副渴望一展身手的架势彻底消退，取而代之的是身体不适的柔弱之态，让身边的同事和领导对她嘘寒问暖。

看电影的时候，只是一处略带幽默的情节，Lucy的笑声却充斥着整个房间。之后，她又跟一位新来的年长男同事吐露"隐私"："我在德国留学时，有一位男孩子对我不错，他家里的条件蛮好的，我没有同意……""我之所以辞掉上一份工作，其实是因为公司里的一位男领导，我不想跟有妇之夫之间有什么瓜葛……"旁边的女同事阿蕊，无意间也听到了Lucy的这些话，她实在想不明白，有必要和一位新来的异性同事讲自己的私事吗？聊聊天气、工作、兴趣爱好，哪一项不比这个更合适？

团建结束的那天傍晚，Lucy一脸委屈地问阿蕊："你是不是不喜欢我呀？"她那哀怨的眼神，看起来简直就像一个被抛弃的小女孩，眼眶里还噙着泪水……阿蕊一脸茫然，而Lucy竟然跟她倾诉最近在生活上遭遇的种种不顺。阿蕊望着眼前的Lucy，不自觉地动了恻隐之心，这一刻的Lucy，和那天与新同事讲隐私的状态完全不同，简直判若两人。

阿蕊实在困惑：办公室的性感女郎？故意透露隐私凸显魅力的未婚女青年？泪眼汪汪诉说难处的无助小女孩？到底哪一个Lucy才是真实的她呢？还是说，哪一个都不是真实的她，她只是戴着不同的面具，在不同的情境下扮演某一个能够引人注意的角色呢？

63 表演型人格：社交关系，全凭演技

▶ 我是一个"演员"

> Lucy在日记里写道："我谁都不喜欢，只是在人多的场合里，我会不由自主地变得热情，瞬间开启自嘲模式，为的就是博取关注，让大家喜欢我。但我心里特别清楚，这些人只是过客，不会有深入的交集，也许今天分别了，这辈子都不会再见了。"

也许，你在生活中也遇到过像Lucy这样的人，也曾对其言行感到困惑，不知道他们究竟是刻意为之，还是本性如此。如果你正在寻求答案，那么接下来的内容会让你豁然开朗。

心理学研究认为，内心渴望获得他人的认可，总是试图通过夸大的语言或行为，吸引周围人的注意力，经常过分高估自己和他人的关系；对身边的每个人都彰显出了热情，却并非真心喜欢对方；人群中热闹得像孩子，背地里却孤独得像影子，几乎没有

真正的朋友……这样的人，很有可能是表演型人格。

表演型人格特质，本身没有什么问题，恰到好处地运用这一特质，反而能够给人带来正向的能量。毕竟，每个人都希望自己是美好的，对着美颜相机照一张照片，把幸福快乐的时刻分享到朋友圈，也是记录人生的一种方式。

如果极度渴望被关注，甚至不惜使用各种手段去谋求他人的关注，不停地刷存在感，那就演变成了表演型人格障碍，也称癔症型人格障碍。这一类型人格障碍的关键特征是情绪化和过分寻求关注的行为，通常来说要符合5条以下症状：

（1）个体如果不是注意中心，就觉得不舒服；

（2）不恰当的性挑逗或煽动行为；

（3）情绪变化迅速且肤浅；

（4）常用外貌吸引别人的注意；

（5）言谈风格过度戏剧性；

（6）装腔作势，夸张的情绪表达；

（7）极容易受暗示；

（8）认为与别人的关系比实际关系更为亲密。

表演型人格者的内心存在明显的冲突，他们一方面在人群中努力地突显自己，另一方面又深切地感觉到没人理解自己。他们在人前卖力地表演，其内在动机就是想要获得他人的肯定，让大家关注自己。也许你会产生一个疑问：同样是为了博取他人关注，渴望获得他人肯定，表演型人格与自恋型人格、讨好型人格，有什么区别呢？

自恋型人格者渴望被关注，最终想要得到的是被人夸奖和仰慕。然而，表演型人格者不在乎是否被人夸赞，哪怕是被质疑、被讨厌，也没关系，他们最难以忍受的是不被关注。

讨好型人格者渴望被人认可和喜爱，做出一系列讨好的行为是为了建立亲密的关系。然而，表演型人格者不一样，他们只是单纯地运用手段博人眼球，没有情感共情，也不想与人建立稳固的、真诚的关系。

总而言之，表演型人格者需要别人的认可，但不会执着于这份认可；他们想要获得一种归属感，可是对于归属感的感受又是薄弱的，只有所有人都关注他们，他们才能感受到归属感。

64 表演型人格究竟是怎样形成的

"无辜"的琳达

28岁的琳达，结婚后辞去了工作，成为一名全职太太。为了避免琳达的生活环境过于单调，丈夫趁休年假期间，邀约了另外一对夫妇朋友，四人一起自驾游。可是，这场旅行并不愉快，朋友的妻子对琳达意见很大，认为她对自己的丈夫做出了勾引的举动，琳达觉得自己很无辜，认为对方无理取闹。

> 其实，婚后的一年里，丈夫也对琳达心存不满，经常抱怨她对其他男性在言行上缺少分寸感，以及她总是在人多的场合哗众取宠，虚荣心也特别强。
>
> 自觉"无辜"的琳达，无处诉说自己的苦闷，就向心理咨询师求助。咨询师发现，琳达每次来做咨询时，总是化着浓烈的妆，穿着非常女性化的服饰。据此种种，咨询师认为，琳达是一个表演型人格者，而她这一人格的形成，与其原生家庭有着密切的关系。

为了吸引别人的注意，表演型人格者在外表和行为方面，通常会带有明显的戏剧化、情绪化的特征，同时还会带有性挑逗和性诱惑。在表演型人格者中，女性的发生率远高于男性，她们的言谈风格可能富于戏剧性，但也非常主观而缺乏细节，可能会通过诱惑行为和情绪操纵来控制自己的伴侣，但也会表现出相当大程度的依赖。

有心理学家认为，表演型人格者的女性背后，通常有一个软弱不称职的母亲和一个威严又有魅力的父亲。父亲对女儿既严厉又溺爱，这一矛盾的形象让女儿不知道是该亲近父亲，还是该害怕父亲。母亲的顺从又进一步促成了"女性天生弱小"这一卑微观念的形成。

在这种家庭里长大的孩子，一方面害怕被异性看不起，一方面又渴望获得异性的认可。在感到不安全、害怕被拒绝或身处险境的时候，她们就会用退行的方式来保护自己，比如表现出软弱、乖巧的一面，以此换取事态的平息。

表演型人格者总在努力地表现自己，让自己看起来充满魅力，其深层目的是获取他人的认同，这是他们维系自尊和安全感的主要途径。只是，这些行为通常会引起他人的误解。

65 哪些方法有助于改善表演型人格

> **独角戏**
>
> "我的内心上演着一幕戏：一个小人在努力地在台上表现自己，渴望被人关注；另一个小人孤零零地站在一旁，孤独又无助。无论台上的小人怎样卖力地表演，舞台上都只能看见他和另一个冷眼旁观的小人，台下没有观众。再仔细看，那个冷眼旁观的小人，也不是别人，而是'自己'的影子。"

表演型人格看上去有些哗众取宠，其实内心是很孤独的。如果你发现自己身上有表演型人格的特质，不要抗拒和排斥，只要注意调节，不让其演变成人格障碍，就不会有太大的问题，多给自己一点时间，用成长的眼光去看待自己。

这里有几个实用的小方法,有助于改善表演型人格:

○ 方法1:注重自身的情感体验,不靠迎合去博取关注

若能获得外界的认可,自然是一件好事,但我们自身的价值并不是由外界来评定的。在没有掌声和鲜花的情境下,也不要觉得自己没有价值,试图用迎合的方式获取他人的关注。你可以试着做一些自己真正喜欢的事,学习一些能提升自我的技能或知识,把注意力集中在自己身上,关注自己的情感体验。

○ 方法2:主动融入环境,按照正常的方式与人交往

置身于人群中,不能只顾展示自己,完全不考虑其他人的感受。可以主动地融入环境,但要提醒自己,按照正常的方式去交际,放下用夸张言行表现自己的想法。

奇怪的举动不会帮你赢得朋友、赢得尊重与欣赏,反而容易让人觉得你很刻意,对你心生误解和厌恶。为了吸引眼球,牺牲了真正结交朋友的机会,那就得不偿失了。

○ 方法3:学会建立信任关系,向他人表达自己的需求

人前卖力地表演,只是为了避免受到伤害,这是表演型人格在成长过程中形成的一种固有的相处模式。你要试着打破这种模式,与身边的人建立可信任的关系,学会爱他人,以及向他人表达自己的需求。

记住,你可以表达爱,也可以表达不满;你可以和喜欢的人在一起,也可以疏远你不喜欢的人;你有选择权,不必做一个迎合所有人的悲情小丑。当你能做到在人前不卑不亢、落落大方时,你就真正地走出了表演型人格的旋涡。

66 怎样与身边的表演型人格者相处

我要如何待你?

> 寝室里有个女同学,待人特别热情。一开始,我并没有发现什么问题,可是时间久了,我就看出了一些端倪:她的精力特别旺盛,对人的热情也始终如一;我不想听她说话时,她总是说得更卖力;我积极地回应她时,她反倒能消停下来;她的行为特别夸张,就跟话剧演员似的,经常过分夸大情绪感受……说实话,我真不知道该如何待她。

当我们身边有一位表演型人格者,且不得不与之相处时,我们该怎么做呢?

○ 不要嘲笑表演型人格者

表演型人格者的种种表现,往往会招来周围人的嘲笑。也许,他们的某些行为让你嗤之以鼻,但千万不要嘲笑他们,因为他们很容易激动,十分在意他人的看法。

任何一种能给人带来伤害的嘲笑行为,对表演型人格者的伤害都会加倍,这也可能会导致他们不择手段地去赢得你的关注,如痛哭流涕、自残自杀等。

○ **接受表演型人格者的特质**

表演型人格者经常会做出一些夸张的行为，这不是任性所致，而是他们人格存在的方式。了解这一点，有助于我们更好地面对他们的戏剧化行为，而不是主观地认为他们在"胡闹"。

当他们做出某些极端行为时，我们与其大发雷霆，不如坦然接受，适当地给予他们一点表现空间，但要划定游戏规则，引导他们做出较为恰当的反应。

○ **避免被诱惑行为迷惑**

表演型人格者会不遗余力地获取他人的关注，在这个过程中，他们有可能会做出一些带有性暗示的举动，比如：穿性感的衣服、露出魅惑的微笑或眼神。请注意，千万不要被这些行为迷惑，一旦你试图接近他们，很有可能会被他们愤怒地推开！

表演型人格者做出的诱惑行为，不过是为了引起注意，并不意味着他们渴望发展亲密的关系。换句话说，他们表现出开放的姿态，甚至频繁地更换伴侣，并不是出于真实的欲望，而是想让别人认为他们很有魅力。

如果表演型人格者在你面前表现出多愁善感、脆弱不堪时，你可能会心生同情，忍不住想要去保护和怜惜对方。请注意，千万不要让自己卷入其中，那些行为是他们为了引起情感交流而产生的条件反射，一味地顺从会让他们变本加厉。

○ **及时进行正向强化**

当表演型人格者在某些时刻没有表现出戏剧化的极端行为，而是做出了正常的举动，这个时候一定要及时给予正向强化。

你可以对他们的行为表示欣赏，看着对方点头以示赞同，并且提出问题让对方知道你在认真倾听。这样的做法，既适用于儿童教育，也适用于管理工作和应对人格障碍者。

○ **接受褒贬不一的评价**

表演型人格者有把身边的人理想化和贬低的倾向，可能是因为他们想追求自己无法真正体会到的情感，也可能是因为他们在重复体验早年的经历。

如果你身边有这样的人，他们可能一开始会对你表达仰慕，将你视为偶像；如果你辜负了他们，他们就会把你贬得很糟糕。对于这样的情况，不必过分担心，这是他们的人格特点所致。只要你重新表现出对他们的兴趣，他们就会重新把你拉回偶像的位置。

PART 11

妄想型人格
世界充满了"阴谋"

健康的人不会折磨他人,
往往是那些曾受折磨的人转而成为折磨他人者。
——荣格

67 陈洁：只愿此生，与此人再无瓜葛

内心独白

很遗憾，我没有弄清楚他是在什么样的家庭环境中长大的，也不了解他的父母是怎样的人，就和他结婚了！回头想想，这场失败的婚姻早就埋下了伏笔，只是我没有发现而已。好在，一切都结束了！再见，我曾经的爱人。

离婚四年后，陈洁才能静下心来，谈论她的上一段婚姻，以及前夫郑凯：

我和郑凯最早在同一家公司上班，他不太爱说话，对周围人的态度不冷不热，始终保持着距离感，但还算小有才华。我性格外向，跟同事们相处得不错，经常开玩笑。渐渐地，我发现郑凯对我的态度发生了变化，我无心说过的一句话，他都记得很清楚，给了我不少的惊喜。当然，我也意识到，他只是对我如此，与其他同事之间的关系并不太熟络。

半年后，郑凯因待遇问题离职，但一直和我保持着联系，对我的追求也没有停止。当时的我不够成熟，处理问题总是很冲动，每次跟他说起自己碰到的问题，郑凯总是会露出深邃而充满智慧的眼神，帮我辨析各种可能性。从小不太被父母关注的我，

对这样一个沉稳的男性产生了强烈的依赖。

坦白说，郑凯身上有我不喜欢的特质，他对人很冷淡，说话的方式有时也令人不舒服。可即便如此，我还是和他在一起了，我总觉得"对我好"就行了，根本没有想过他在人际关系中存在的种种问题，可能折射着他人格方面的问题。

果不其然，结婚当天，我们就闹了不愉快。郑凯阴沉着脸，说我家的一位长辈"侮辱"了他，我却怎么也想不起来，"侮辱"从何说起？他还说，我纵容了别人这样对待他！听得云里雾里的我，完全不知道是怎么回事，心里只觉得委屈，毕竟这是结婚的第一天！

婚后，随着相处的时间越来越多，我发现郑凯对周围人的冷漠源自一种深深的不信任，甚至是一种充满负性的猜疑和妄想。郑凯一直觉得，他来自三线的小城市，我生在一线城市，我和家人打心眼儿里"看不起他"。带着这样的想法，在跟我的亲友们相处时，他总是免不了去编排别人的话语和眼神。

对于公司里的同事或领导，郑凯同样充满着怀疑。当他把自己的活动方案发给领导后，就会一直盯着手机，总想即刻得到领导的反馈。稍迟一点，他就会念叨："是不是领导对我有意见？他到底是怎么想的？"偶尔，他也会跟我说："总觉得公司里有人在背后捣鬼，不希望我谈成这笔订单，人心叵测啊！"

最让我难以忍受的是，他对我也是不信任的，经常翻看我的手机，连同QQ、其他社交平台的互动消息，也会定期查看。有一次，某朋友群发了一条"中秋节消息"，那是一个问句，大致是"回复就证明你心里是惦记我的"，而我刚好就随意地回了一句:"放心,世界和我会一直惦记你。"在郑凯眼里,这竟然成了出轨的暧昧短信,即便我强调网上有这条消息的原稿,可他的表情告诉我,他根本不信。

随着生活的推进,猜疑变得越来越多,越来越频繁。我知道,郑凯算不上坏人,但他无法相信任何人,甚至把身边的人都当成假想敌。和他在一起生活,我实在疲惫不堪,故而提出离婚。他却一口咬定我出轨了,把自己当成绝对的"受害者"。

离婚的过程很曲折,过往一些微不足道的冒犯他都会怀恨在心,我害怕离婚这件事会刺激他,让他做出伤害我和我家人的举动……在郑凯看来,他是最大的"受害者"。那段时间,我的担忧一直没有远离,夜里经常会梦到自己被一个精神病人纠缠,他笑得狰狞而诡异。

好在,一切都过去了,噩梦已终结。如今,我们已经离婚四年。也许是时间的缘故,也许是地理上拉开了距离,我们都渐渐地回归了各自的生活。只愿此生,与此人再无瓜葛。

68 妄想型人格：这个世界充满了阴谋

我，谁也不信

> 陈锋是一个敏感多疑的人，哪怕周围人对他没有任何的不轨之心，他也会表现出极度的不信任，甚至把周围的人都当成自己的假想敌。更要命的是，他还会把别人很平常的举动，比如同事之间的私聊，理解为"在背后议论自己"。
>
> 无论和谁相处，陈锋都难以消除内心的怀疑，怀疑对方的忠诚，担心自己的权益受到侵害。他少有温情或积极的情绪，缺少幽默感，让人觉得难以接近。

无论是郑凯还是陈锋，他们在行为方式和人际关系中都折射出了妄想型人格的特质。

妄想型人格者的内心有一个坚固的信念："这个世界充满了阴谋，人人都心怀恶意，而我是脆弱不堪的，为了保护自己，我不得不时刻提防。"他们内在的预警系统，犹如陷入了运作不良的状态，即便是无关紧要的小摩擦，也会触发警报。

妄想型人格者和"多疑"紧密相关，实际上，多疑并不是一个绝对的贬义词。在身处令人紧张的情境之下，或是面对挑战性较高的事物，或是少见、未知的情形时，我们都会倾向于认为身边的环境是有威胁性的，且会做出带有敌意的阐释。正因为有了这样的特质，我们才能够防范敌人、避开潜伏的陷阱，提高生存的机会。

凡事有度，过犹不及。一旦个体的多疑超过了合理的限度，他就会变得格外敏感，胡乱地揣测，甚至认为世界上到处都是骗子和坏人，继而发展成妄想型人格障碍。他们有为自己寻找敌人的倾向，且不断地想要证明自己的怀疑。

陈锋在看到同事私聊时，就怀疑他们是在议论自己、嘲笑自己。为此，在跟这些同事相处时，他的言行举止就会夹杂些许敌意和怀疑，而同事们自然也会感觉到。久而久之，他们可能会真的对陈锋产生不满，私下议论他这个人的处事方式。这样的结果，又刚好验证了陈锋的臆想："我早就知道，这是一群不可靠的人。"

和妄想型人格者相处是很辛苦的，他们敏感多疑、心胸狭隘，思想行为又很固执，容易产生病态的嫉妒，却又难以宽容他人的过错。他们可能会无端地怀疑伴侣对自己不忠，对挫折和他人的拒绝过度敏感，总把一些正常的事物解释成"阴谋"，而将自己视为永远的"受害者"。他们时刻处于高度警惕的状态，提防他人的攻击，并蓄意收集别人的疏忽、怠慢和过错，紧抓不放。哪怕别人是好意，他们也会心存怀疑，认为"狐狸尾巴"早晚会露出来。

更令人无奈的是，妄想型人格者几乎没有自知之明，也很少会主动求医，他们绝对不会认为自己有什么问题。对于过去在工作或人际关系中的失败，他们都会声称"都是别人的错"，而真实的情况，往往与之相反。

69 如何判断自己是否具有妄想型人格的特质

来，做个小测试！

根据《中国精神疾病分类方案与诊断标准》，妄想型人格往往具有如下特征：

（1）把周围事物解释为不符合实际情况的"阴谋"。

（2）广泛猜疑，经常把他人无意的、非恶意的，甚至是友好的行为，误解为敌意或歧视；经常没有根据地怀疑会被他人伤害或利用，极度敏感。

（3）过分自负，遇到挫折或失败总是归咎于他人，认为自己永远是对的。

（4）易产生病态的嫉妒，对他人的过错难以宽容。

（5）过分怀疑恋人或伴侣有新欢或不忠，但不是妄想。

（6）过度自负，有以自我为中心的倾向，总感觉被压制、被迫害。

如果符合上述情况中的3项，就说明你具有妄想型人格的倾向。

别太紧张，任何人的人格都不是完美的，哪怕是发现自己存在妄想型人格的特质，也要相信自己是可以通过自己的努力走出黑暗的。比如，要增强自我认识，学会辩证地看待自己，不要过分夸大弱点、忽视优点，悦纳自我是发展健全自我的关键。另外，要走出自我封闭，放弃顾影自怜，多参加社会活动，培养乐群个性，通过交友获得鼓励、信任、支持与安慰。

70 妄想型人格是怎么形成的

> "都是你们的错！"

小庆就读于某大学三年级，身高只有165厘米，长得比较瘦小，且患有高度近视。

在学校进行实践活动时，小庆和班里的一位男生发生冲突，幸好旁边的同学及时阻拦，他才没有动手打人。班主任建议，让小庆去校内的心理咨询中心做心理纾解，他自己也有求助的意愿。毕竟，在与人交往的问题上，他有太多的困惑。

咨询师了解到，小庆出生在农村，上面有两个姐姐，是家里唯一的男孩。父亲脾气不好，对他要求也很严格，很少给他肯定和鼓励，经常训斥和打骂他。全家人都要听从父亲的话，从小到大，小庆跟同学、老师打交道的方式就是发生冲突，每次闹矛盾，他都觉得自己是被轻视、被欺负的一方。

> 在谈到父亲和与他发生过冲突的人时，小庆表情凝重，眼神和语气中都透着一股怨气，认为都是对方的错，是他们先冒犯了自己。他之所以这样做，只是出于自我保护。针对小庆的行为表现，以及症状自评量表（SCL-90）的检测结果，小庆被诊断为妄想型人格障碍。

小庆为什么会形成妄想型人格呢？或者说，妄想型人格的形成与哪些因素有关？

咨询师认为，父亲严厉的教养方式、身材矮小并伴有高度近视的生理问题，以及母亲在家庭中的角色缺失，使得小庆形成了自卑、敏感、自尊心极强的人格特征。他强烈渴望获得尊严，但又对尊严形成了歪曲的认知，据此形成了偏执的思维逻辑。

借由小庆的案例，我们不难看出，妄想型人格的形成与两个因素密切相关：

○ **成长经历**

妄想型人格者在早年可能生活在一个缺少关爱的家庭环境中，或者是经常受到指责和否定，使他们形成了孤僻的性格，不愿意与他人沟通交流，也难以形成同理心，无法充分地理解他人言行举止背后的含义，继而容易对他人产生猜疑。

如果个体在成长过程中，父母的管教过于严格，或是经常以殴打、冷战的方式进行惩罚，个体就很难养成爱的能力，无法以友好的方式与他人建立联结，总是想通过控制他人的方式去锁定关系,从而获得安全感。

○ **社会环境**

社会环境对妄想型人格的形成也有影响,比如家庭条件比周围人都要差,或是自身存在某种生理上的缺陷,都会使个体产生严重的自卑心理。因为自卑,所以格外敏感,对他人和周围的环境充满了不信任感,一点微不足道的小事,都可能让他们的内心产生巨大的波澜。在这样的处境下,他们会被强烈的孤独感包围,并对自己提出了很高的标准和要求,但这些要求又与他们自身有限的条件形成了较大的矛盾和冲突,让他们变得更加脆弱和敏感。

71 对内在的非理性信念进行改造

小庆的改变

针对小庆的情况,咨询师采用了认知疗法,让小庆认识到,他不易与人建立良好关系的原因所在,并与之探讨用更具功能性的思维方式替代原有的歪曲认知模式。

经过一段时间的治疗,小庆终于意识到,他之所以感受到他人的轻视、敌意和威胁,都是内在的信念和自动思维所致。在之后碰到类似的情形时,他听从了咨询师的建议,及

> 时纠正脑子里的想法，告诉自己"对方不是针对我""是我的思维模式在误导我"，就会感觉轻松许多。
>
> 在进行了20次左右的治疗后，小庆与同学之间的关系有所改善，虽然偶尔还会发生冲突，但频率大幅降低。小庆在跟咨询师描述父亲或其他人时，态度也比从前柔和了许多，眼神里不再充满了怨怼与憎恨。

生活在纷繁复杂的世界，冲突纠纷和摩擦是难免的，学会忍让和克制很关键，而最为关键的是在待人处事时经常提醒自己，不要陷入"敌对心理"的旋涡，自动地将所有人都列为"怀疑对象"。如果你发现自身存在妄想型人格的特质，你就要学会对心中那些非理性观念进行改造，去除极端偏激的成分。

非理性观念：我不能容忍别人的丝毫不忠！

（观念改造：我不是说一不二的国王，别人偶尔的不忠是可以原谅的。）

非理性观念：世界上没有好人，我只能相信自己！

（观念改造：世界上有好人也有坏人，我应该相信好人。）

非理性观念：对于别人的挑衅，我必须立刻予以反击，以显示我不容侵犯。

（观念改造：对于他人的攻击，不必立刻反击，我要弄清楚自己是否真的受到了侵犯。）

非理性观念：我不能表现出柔和的情绪，这会给人一种好欺负的感觉。

(观念改造：我不敢表示真实的情感，这说明我的内心是虚弱的。）

每当故态复萌时，试着默念一下那些被改造过的观念，切断自己的偏激行为。如果不知不觉地表现出了偏激行为，事后要回顾一下当时的想法，找出当时的非理性观念，然后进行改造，以免重蹈覆辙。

72 如何避免碰触妄想型人格者的逆鳞

我要怎样"唤醒"你？

陈洁在处理离婚的问题时遭遇了很多阻碍，她希望郑凯可以意识到自己的问题，可郑凯没有自知的能力，认定一切皆因陈洁出轨所致。愤怒之下，陈洁冲着郑凯吼道："你这种人就不配结婚生子，注定要孤独终老，你应该去看心理医生。"

其实，陈洁就是痛恨郑凯看不到自己的问题，想唤醒他的自知，可是这些话一出口，换得的却是更深的误解，郑凯更加坚定了他的想法——"你们从一开始就看不起我！"

不得不说，妄想型人格者的确不太好相处，可我们在生活中有时不可避免要跟这样的人打交道，或者身边比较亲近的人就有这样的人格特质。和这一类型人格者相处，最重要的是避免碰触对方的逆鳞，减少矛盾冲突。

具体而言，以下几项事宜需谨记：

○ 批评时指出具体的行为，避免人身攻击

陈洁在处理离婚的问题时，触犯了一个大忌。她向妄想型人格的郑凯进行了人身攻击，触碰了郑凯的逆鳞，这样做只会激怒对方，无法唤醒他。

相比之下，更有效的做法是，指出对方的错误行为，比如："你总是怀疑身边的人看不起你""你一直认为我的家人对你有偏见""我再也不想看见你用怀疑的目光扫射我和我的家人了"。用这样的话来表达，更容易让妄想型人格者接受，并且了解你的真实感受。

○ 重视礼节，勿让妄想型人格者感觉被轻视

有时候，很小的一个礼节性错误，都可能会让妄想型人格者理解为轻视。为了避免这样的情况发生，在跟这一类型人格者相处时，一定要严格遵守程序：使用礼貌用语，介绍他们时不要出错，及时迅速地回复消息，不要轻易打断他们的话。

当然了，也不必表现得过分热情，他们有敏感的预警系统，可以探测到哪些言行是真诚的，哪些是刻意逢迎，一旦他们觉察到你缺少诚意，立刻就会怀疑你的意图。

○ 传递清晰明确的信息，避免模棱两可

妄想型人格者非常敏感，对所有人都持怀疑的态度。在跟他

们沟通时，一定要注意措辞，尽量让信息清晰、明确，一旦有模棱两可的情况，他们就可能会对信息进行猜测和臆想。

○ **不采取回避态度，保持不远不近的距离**

当我们发现身边的某些人是妄想型人格者时，多半会不由自主地想要远离，毕竟和他们相处太受折磨。假如对方是一个你可以远离且不会带来伤害的人，这样做没什么问题。如果现实的情形让你无法避免与之打交道，那么回避就不是一个理想的选择，这可能会让他觉得你轻视他、厌恶他。你可以与之保持定期的联系，不必表现得太过亲近，只要正常接触即可，这样有助于他重新正视你，平复脑海里那些无厘头的想象。

PART 12

控制型人格
爱你就要管住你

在任何特定的环境中,
人们还有一种最后的自由,
就是选择自己的态度。
——《活出生命的意义》

73 倦怠的鱼：别再说"都是为你好"

内心独白

从小到大，我听到最多的一句话就是——"都是为你好"。我已经厌倦了这个声音，也厌倦了这样的"好"，说这句话的人，不仅在欺骗我，也在欺骗她自己。我想对她说："妈妈，别再以爱之名控制我了。"

倦怠的鱼近一个月来比以往更觉倦怠。他经常会做一些和追杀有关的噩梦，脾气也越来越暴躁，动不动就跟周围的同学拌嘴。前段时间的模拟考试，他的成绩不是很好，勉强接近重点高中的分数线。这样的状态让他压力倍增，特别是在家的时候，更是坐立难安。

妈妈看到倦怠的鱼拿出来的模考成绩后，转身就去给班主任打电话。虽然班主任在电话里强调："一次考试成绩说明不了什么，孩子平时的成绩还是不错的。"一向在家里没有发言权的父亲，也劝慰她说："孩子可能升学压力大，多给他一点时间和空间。"妈妈却认为，说这种话的家长，完全是对孩子不负责任。

妈妈不放心倦怠的鱼，认为他可能是心理上遇到了困惑，就连忙预约了一套完整的专业心理评估，其中还包括智力测试。

心理评估结束后，倦怠的鱼感觉很欣慰，他第一次体验到了被理解、被接纳的感受。

对于心理评估的一些反馈，妈妈却表示很不满，她强调说："这孩子从小学东西就快，学习成绩也不错，可报告却显示智力只是一般水平，我根本不信。"至于倦怠的鱼经常做的那些梦，心理医生也做了意向分析，告诉他不要把自己逼得太紧；同时，梦境也显示父母对他的期望过高，尤其是妈妈。妈妈自然不认可这种说法，她觉得谁都不如自己了解儿子。

不久后，妈妈就在网上花高价给倦怠的鱼报了一个课程，承诺每天晚上要跟他一起学习，说她完全可以依靠自己的能力找回那个她一向很了解、一向引以为傲的儿子。妈妈告诉倦怠的鱼，她所做的一切都是"为了他好"，这个世界上没有谁比她更想把他照顾好。

倦怠的鱼被动地接受了妈妈的安排，可他对学习和生活充满了厌倦，内心痛苦却无处宣泄，现实的处境让他无所适从。他觉得，自己就像是被圈在浴缸里的"鱼"，看起来像是生活在海底世界，实则根本没有自由。

74 给你爱与关怀，让我成为你的主宰

> 美丽的"谎言"

菁菁的父亲总是按照自己的想法做事，就算是面对家人，他也不知道什么时候该让步和止步。他总是强调自己是最关心菁菁的人，当菁菁妈妈与他有不同的看法时，他就会说一些让对方感到愧疚和自责的话，让她停止现有的做法，而这正是他想要的结果。这种合理化解释，简直就是一个美丽的"谎言"，巧妙地掩盖了他真实的目的。

在整个家庭中，菁菁的父亲总在利用各种方式控制妻子和女儿。他不断地向妻子传递一个信息：如果她的行为满足了自己的期待，他们之间的关系就会很融洽。他总是把自己的意志凌驾于菁菁之上，以爱之名进行操控，让菁菁满足他的期待——考哪所学校，学什么专业，做什么工作，和什么样的人恋爱结婚。

不难看出，"倦怠的鱼"和菁菁的处境是相似的，他们有一对控制欲较强的父母（或是父母中的某一方），这样的父母没有严厉凶狠的表现，反而对孩子很温柔，用呵护备至的方式胁迫孩子顺从自己，让他们按照自己既定的计划成长。如果子女未能遵

从他们的意愿，他们就会摆出"我都是为你好，我为你付出了那么多，现在只是对你提出一个小小的要求，你竟然都不乐意"的腔调，试图让孩子萌生愧疚感，继而利用这种愧疚感去控制孩子的行为，让他们顺从自己的意愿。

从这一层面来说，"我是为你好"是控制型人格的父母编织的披着美丽外衣的"谎言"，对孩子的伤害也是极大的。在以爱之名的控制下长大的孩子，会对许多事情丧失掌控感，自尊心会变得极度脆弱，并开始向其他方面寻求控制感。

有人把控制型人格者称为"披着羊皮的狼"，听起来不太舒服，却精准地道出了此类型人格者的行为模式：尽力地隐藏自己的意图，用不易察觉的方式巧妙地进行斗争，且极其善于伪装。表面上对他人嘘寒问暖，营造出温柔贴心的形象，实则在处理问题时冷酷无情，丝毫不顾及他人的需求和感受，完全按照自己的想法行事。

孩子不是父母的私有物品，他们是独立的个体，亲子关系也需要建立在平等关系上，需要彼此尊重。引导和控制是两回事，父母在孩子成长的过程中需要饰演的是引导者的角色，让孩子清楚事情的利弊、做事的底线，然后让他们自己去做出选择。

75 扮演完美受害者,利用他人的内疚心理

> 似乎都是我的错?

琐碎又繁杂的生活,让安娜身心俱疲,再加上一个长期酗酒的丈夫,她更是不由自主地想要"逃离"。她渴望给自己一点空间和时间,平复纷乱的思绪。可是,才离开家五天,她就坐立不安了,内疚感频频袭来。

对安娜来说,这样的体验并不是第一次。结婚七年至今,事实已经告诉了她,离家的做法只会让丈夫的戒酒进程出现倒退的情况。安娜曾经提议,让丈夫到戒酒门诊寻医,可丈夫并不乐意,他说:"如果工作和家庭顺心,你也支持我,我很少会喝醉。"安娜觉得,丈夫的话也不是没有道理,每次都是她感到厌烦想要离家的时候,丈夫的酗酒问题才会"复发"。

这一次,安娜的内疚感比以往更加强烈。离家之前,丈夫亲口对她说:"如果你觉得烦,就出去待几天吧!不用担心家务,也不用担心孩子没人照顾,我也不会酗酒。"然而,就在昨天的通话中,安娜分明听出丈夫的声音有些沙哑,可他还是强调说:"公司效益不好,目

> 前正在裁员。你放心，我不会喝酒的，也会尽力照看好孩子……"
>
> 听到丈夫这么说，安娜的心里更内疚了。

有没有发现，安娜之所以对生活感到厌倦并且身心俱疲，和丈夫酗酒有很大的关系？然而，丈夫却在安娜产生疲惫想要离家的时候，悄然扮演起了受害者的角色，并一直诱导安娜因在关键时刻离家而感到内疚。

控制型人格最大的特点，就是巧妙地利用各种策略掩饰自己的操控意图，让对方在思想上感到困惑，甚至自我怀疑和否定。从这一层面来说，他们是生活中的隐形攻击者。

安娜善解人意，且心很软，听到丈夫说"如果工作和家庭顺心，你也支持我，我很少喝酒"时，她认为自己"舍家弃子"是自私的行为，不仅在情感上忽视了丈夫和孩子，又给丈夫平添了一份家庭负担。实际上呢？丈夫的做法是在弱化他自己的问题，利用安娜的内疚感来实现操控，让他觉得自己没那么糟糕，就算是酗酒也是情有可原的。

很多人以为，操控型人格者应该表现得狂妄自大、性格暴躁，实际上，他们更可能像安娜的丈夫那样，以"爱"的名义来干涉你的自由。

有时候，为了实现自己的目的或个人利益，他们会声称自己是个友善、诚实、慷慨、无私、真诚的人，还会告诉你他们所说的、所做的一切都是"为你好"，甚至让你为怀疑他们想要操控你的念头而感到内疚，让你觉得自己不够好、没有责任心、心胸狭隘。

仔细审视身边那些明明让你感到不舒服，却又总是扮演"完美受害者"的人，也许他们正在利用你内心最柔弱的部分，实现对你的操控。

76 以微妙的方式威胁，占据道德的制高点

凯伦的困惑

凯伦是一个职场新人，没有太多的经验，自从上次失业后，他连续几个月都没有收入，生活陷入了拮据之中。半年前，他总算找到了一份新工作。他很珍惜这个机会，成长速度也是有目共睹的，只是直属上司的态度隐约让他感觉不舒服，可他又说不清楚问题出在哪儿。

当初凯伦来公司应聘时，直属上司是他的初试考官，声称"看好他"。对此，凯伦还是心存感激的。入职后，上司给他安排了大量的工作，秉持学习心态的凯伦也都接受了，且做出了很好的业绩。按照老员工的说法，他已经达到了加薪的标准，然而直属上司一直没有提这件事，交

> 付给他的任务及难度却在增加。
>
> 直属上司大概留意到了凯伦想要加薪的意愿,就隔三差五地暗示凯伦,说:"现在的大环境不是特别理想,工作不好找啊!""很少有公司会选择没有经验的新人,谁不想招聘过来的人立刻就能创造效益呢?""凯伦啊,这么简单的事情你都没有处理好,看来你要学的东西还很多呀!"
>
> 听到直属上司的这些话,凯伦的喉咙就像被堵住了一样,怎么也开不了口提加薪的事。不仅如此,他还只能按照直属上司的"教诲",任劳任怨地接受任务,在工作中继续学习。

控制型人格者经常会威胁身边的受害者,让他们感到焦虑、恐慌,从而陷入劣势地位。这种威胁不是直接的、强硬的,而是微妙的、间接的、隐秘的,且不带有明显的敌意或恐吓。

凯伦的直属上司所用的正是这一策略,很显然,他正在对凯伦进行操控和剥削。

内心极度渴望被认可的控制型人格者,还很害怕别人看不起自己。他们往往会采用打压别人的方式,来满足自身的优越感,具体的做法就是站在道德的制高点,给别人施加压力。

当凯伦在工作中犯了错误后,直属上司摆出一副正义的模样,铁面无私地指出凯伦的错误,哪怕只是很小的一个问题,也被他扣上一个"严重的罪名"。长期被这样对待,受害者会产生自我怀疑,且对他的话深信不疑,认为自己什么都做不好,不再信任自己的判断。

作为隐形攻击者，控制型人格者总是会利用一些策略巧妙地掩饰自己的攻击意图，对他人进行精神上的控制。认识到控制型人格者的特质，有助于我们更好地辨识出对方的真实意图，从而有效地保护自己。

77 你的性格中有容易被操控的弱点吗

牵线木偶

美国临床心理医生和管理咨询顾问哈丽雅特·布瑞克，在近三十年的临床经验中，接触到了大量被人际关系问题困扰而产生严重心理问题的病人。有些病人长期感到痛苦、抑郁，陷入往复循环的压力中；有些病人从来不觉得自己需要看心理医生，直到发现自己完全被他人捏在手心里，就像一个任人摆布的牵线木偶。

这些个案让哈丽雅特·布瑞克意识到需要开发一套方法来抵御操纵，帮助更多的人认识到自己有哪些弱点，以及如何摆脱操控关系。她指出，只有当被操纵者真正改变自己，而不是妄想改变操纵者，才是解开这段关系的钥匙。

控制型人格者总能巧妙地抓住受害者的性格弱点，知道如何使用羞耻与内疚让其做出让步和妥协。想要避免成为受害者，首先要从认识自身入手。通常来说，在生活中有以下几方面性格特质的人，比较容易成为他人的操控对象：

○ **性格特质1：习惯讨好他人**

如果你总是把他人的需求放在前面，总害怕无法满足他人的期待，那你就具备了被操控的第一个特质。你没必要活得那么卑微，没有一个生命是为了满足他人而存在的，别人怎么看你、对你有何期望，不是你活着的唯一目标。如果你意识到自己有讨好型人格的特质，那么不妨回看本书的第三部分，有针对性地进行自我完善。

○ **性格特质2：自我要求严苛**

对自己要求太过严苛的人，在证据不足的情况下，比较容易倾向于信任操控者。哪怕对方做了一些伤害你的事情，让你处于劣势地位，你也可能会将错误完全归咎于自己。

遇到问题需要自省，但自省要建立在客观事实的基础上，先弄清楚事情的真相，划清具体的责任，再去反思自身的问题，不要习惯性地向内归因，把所有问题都指向自己。

○ **性格特质3：缺少独立意识**

很多人不清楚自己在一段关系中的位置，也就是我们常说的"没有自我"。

自我缺失直接引发的问题就是依附，缺乏完整的独立意识，没有成为真正的自己，就会很容易被他人控制。当这种依附感越来越强时，就会面临"得到"和"求而不得"的失衡。

想摆脱剥削与操控，就得先找回自我，学会对自己负责，人只有成为真正的自己，才有可能达到与他人的和谐，让彼此的关系成为相互支持，而不是相互需要。

○ **性格特质4：不敢拒绝他人**

在跟别人说"不"时，如果你的内心总是充满内疚和罪恶感，总觉得这样做会令人失望，那就要小心了。习惯了退让和妥协，会让控制型人格者得寸进尺。

拒绝别人不合理的请求并不丢人，这是你的权利，也是对自己负责的表现。如果你觉得实在难以启齿，试着保持沉默，或者转移话题，也比委曲求全好得多。

78 不再做"合谋者"，操控关系就会瓦解

爱 or 折磨？

薇薇安陷入了一段被操控的恋情中，她已经没有办法控制自己的感情，工作和生活变得一团糟。刚开始恋爱时，每一次她做出了符合男友期待的行为后，男友都会说一些甜言蜜语来称赞她，还会买礼物表达爱意。

随着相处的深入，薇薇安发现，虽然自己对男友的感

情一如既往,可他给予自己的正面反馈却越来越少,且情绪也变得捉摸不透。有时,男友对她的态度很冷漠,一副爱搭不理的样子;有时,他又会突然给她买礼物,说自己很爱她。

这样的情况反反复复地发生,薇薇安很迷惑:这到底是爱,还是折磨?

操控型人格者是善用"威逼利诱"的高手,他们可能会威胁你"找工作不容易""你还有太多要学的东西",让你不敢提出加薪的请求;他们也可能会利诱你做一些小事,当你做得不错时,再给你承诺一个更有诱惑性但需要长期付出的回报,这个回报看起来唾手可得,但你努力到最后会发现,这根本就是空头支票。

上述两类是比较常见的操控手段,但薇薇安的男友让我们看到了,操控型人格者的手段远不止于此,尤其是在感情方面,他们很擅长用"间断强化"的方式来实行精神操控。

间断强化,就是打破持续的正强化之后,改变频率和行为的可预测性——将其变成间断的、随机无法预测的,从而影响被操控者对操控者的感觉。如果时间足够长,被操控者还有可能会对这种感觉上瘾。相比持续一致的强化,间断强化会给被操控者带来更大的折磨,它涵盖的不确定性,滋养着无尽的焦虑和压力。

说到这里,你可能也意识到了,要形成操控关系,至少得有两个人,一个愿打一个愿挨。尽管被操控者作为受害方,体验着诸多的负面情绪，但他们往往忽视了，自己也是这段关系的"合谋者"。被操控者的每一次顺从，都是在不断地正强化操控者的行为；当你不再做"合谋者"时，对方的操控手段也就失效了。

79 掌握3个要点，让操控者的策略失效

我该怎么做？

> 和他相处得越久，我对自己就越不满意，他总是话里话外地贬低我：你的穿衣品位有待提升、为人处世不够成熟、在职场上容易被人欺骗……我不知道该怎么回应，他口口声声说都是为我好、想帮我，但我听得很不舒服。

总有一些人的存在，会让我们的生活比原本更加艰难。这句话凸显了控制型人格者给身边人带来的情绪困扰。个体一旦被他们控制，会严重消耗心理的能量，甚至对自己和人生感到无望。想要摆脱操控，你需要做好以下几件事：

○ **摆脱操控的要点1：坚定自我价值，关注给自己带来成功的体验**

控制型人格者总是习惯性地贬低、羞辱他人，甚至把自己犯

的错误赖在别人身上。遇到这样的情形，不要把他们的话当真，他们这样说只是为了满足膨胀的自我意识，因为他们内心是虚弱的，也没办法面对自己犯错的事实。

在多数情况下，那些贬低和羞辱不过是对方的投射，别因为这些评价而相信自己真的有那么糟糕，要坚定自己的价值观，全然关注那些能够给自己带来成功体验的事情。你活得越自信、越充实，就越不容易被他们操控。

○ **摆脱操控的要点2：识别控制型人格的不当行为，有技巧地对质**

当你识别出控制型人格者采用了某些策略，试图让你顺从或承担责任时，你要持续关注他们对你的伤害，不接受他们为回避问题、转移责任所找的借口，坚持要求他们做出行为上的修正，明确他们应当承担的责任。这种对质是必要的，且讲究一些技巧。

对质的方式要坦率，仅聚焦对方的不当行为，不掺杂敌意、不刻意诋毁、不威胁对方，你只需要保护自己，保证自己的需求不被忽视。重要的是，在他们采取行动的初期，就要迅速地做出反应，把自己从劣势地位中解救出来，让他们知道，你在争取权力平衡。

○ **摆脱操控的要点3：专注于当下的问题，避免被对方的引导带偏**

当控制型人格者的行为遭到质疑时，他们会采取牵制性的、逃避性的策略让你偏离正在对质的问题。有时，他们会翻出很久以前的事情，指责你做了什么、说了什么，扮演受害者的形象。

这个时候,千万不要被他们带偏,你要集中精力专注于当下,不提及过去,也不去预测未来,专注于你想要的答案和结果。如此一来,他们就很难操控你。

PART 13

边缘型人格
抛弃我就是毁灭我

决定我们自身的不是过去的经历,
而是我们赋予经历的意义。
——阿德勒

80 苏丽雯：一半天使一半魔鬼

内心独白

> 我一心渴望成为新上司最信任的人，在感情中也希望独占恋人。稍有风吹草动，我就会臆想到自己被抛弃、被孤立、被分手、不被重视和关爱，情绪也会一落千丈，或是暴怒或是报复，甚至还会抑郁和自伤。

苏丽雯已经不是第一次自伤了，她的手臂上有多条深浅不一的疤痕。

最近，苏丽雯在工作上遇到了困惑。新来的设计部主管颇具才能，深得领导的赏识。苏丽雯也很欣赏这位新上司，凡是他交代的事情，都很认真地执行；别的同事不乐意做的事，她也主动承担下来，希望能给新主管留下个好印象。与此同时，她也经常不停地跟周围同事表达自己对新主管的仰慕与欣赏。

设计院接到了一个大项目，新主管为了提高效率，打算安排一位助理专门负责项目前期的沟通事宜。鉴于业务部的Linda沟通能力较强，且熟悉设计院的项目流程，新主管就主动申请将Linda调过来做助理。这样一来，苏丽雯原来负责的一些事务，就可以交付给Linda专门处理了。

苏丽雯不满意这样的安排，甚至满心愤怒。在她看来，自己比Linda更有资格担任助理的职位。当然，更重要的一个原因是，担任助理可以有更多的机会与新主管直接沟通交流，成为他最信任、最得力的下属。每次看到新主管与Linda探讨工作，她心里都会涌起一团火，有一种被无视、被抛弃的愤怒感。

自从Linda担任助理以后，苏丽雯就有意无意地在办公室里"摔摔打打"，摆出一副难看的脸色，很小的一些问题都会惹得她大发雷霆。她经常在言语上挖苦Linda，人为地给Linda制造麻烦，在交接工作时故意删掉某些文件或是弄混信息，试图让新主管认为Linda做事马虎、办事不力。她觉得，这样做是在为自己创造顶替Linda的机会。

苏丽雯对Linda的报复，越发频繁且过分，周围的同事也都觉察到了。之后，人事部约谈了苏丽雯，以补偿一个月工资为条件将其解雇。苏丽雯难以承受失业的打击，歇斯底里的她，再次选择了自伤。

在感情方面，苏丽雯也是阴晴不定，对男友忽冷忽热。上一秒，她还表现出温柔体贴的样子，下一秒就开始无缘无故地发脾气，男友根本不知道发生了什么。一旦男友提出分手，她就会自伤，在崩溃中给对方打电话："我真的很害怕，你现在就过来，我割腕了。"当男友过来后，苏丽雯就会在哭泣中恳求他不要离开。

两年来，苏丽雯一直在接受心理治疗，但情况并不太理想。她经常跟咨询师说："我已经好了，真的没有问题了，我认为可以停止心理咨询了。"可是，没过两周，她又会打电话预约咨询师，并告知她自伤了，需要找个人聊聊。

81 什么是边缘型人格障碍

> **你身边有这样的人吗？**

> 上一秒，TA还在推杯换盏地尖叫狂欢；下一秒，TA就躲在角落里暗自神伤。愤怒时，TA摆出一副趾高气扬的样子；转过身，TA就觉得自己是被全世界遗忘的弃婴。人群中，TA是热情如火的佼佼者；离群后，TA嘲笑自己是个一败涂地的废物。TA，永远喜怒无常，情绪像多变的天气；TA时常感到空虚，以极端或反常的方式寻求被爱。

很显然，苏丽雯就是上文描述的这种人，而她身上所呈现出的特质与边缘型人格高度相符，即混乱而不稳定。当这种人格严重到成为一种障碍时，不仅会损伤个体的自我，还会损伤他人的自我。通常，当出现下列行为中的5种或5种以上情况时，就可诊断为边缘型人格障碍：

1.情绪极度不稳定

边缘型人格者的情绪在一天乃至一小时中，可能会有多次的起伏波动，切换十分迅速。

2.疯狂地避免被抛弃

边缘型人格害怕被抛弃，无论是真实发生的还是臆想的。

3.难以形成稳定且持续的关系

在人际互动或亲密关系中总是忽冷忽热，前一秒可能还把他人理想化，后一秒就把他人贬得一文不值。他们的幻想很容易破灭，一旦别人没有达到自己的预期，就会失望、愤怒。

4.冲动易怒且难以自控

边缘型人格者就像活火山，经常毫无征兆地爆发情绪。当他们感觉自己被抛弃时，就会被委屈、惊恐、愤怒等情绪淹没，从而失去自我控制。这个时候，冲动行为往往就会发生，如疯狂地刷信用卡、暴饮暴食、药物滥用，或是用自伤、自杀来威胁对方不要离开自己。

5.持续变化的自我形象

边缘型人格者的自尊水平，以及对自我的认知，完全取决于和他人的关系，经常会在理想化和自我贬低之间切换。和恋人在一起时，自我评价很好，甚至觉得"我是最幸福的人"；一旦和恋人分离，就认为自己一无是处，陷入到极度的自我厌恶中。

6.用过激的方式阻止他人离开

重复而戏剧化地自伤或自杀，威胁对方不要离开。

7.无法忍受一个人待着

害怕被单独留下，哪怕只是一会儿，被抛弃的恐惧感也会让他们无所适从。

8.毫无缘由地乱发脾气

当自身的需要得不到满足，如不能得到陪伴、重视、欣赏或顺从时，就会大发雷霆。

由此可见，"不稳定"是边缘型人格最稳定的特征。

上述的这些特征在现实中并不是很容易被察觉，通常只有经验丰富的临床医生才能正确地诊断出边缘型人格障碍。有些人会以比较轻微的方式表现出上述的某些特征，对于这类人，只能说他们有边缘型人格的特质，不能随意给对方扣上"边缘型人格障碍"的帽子。

82 边缘型人格障碍是怎么形成的

> 边缘型人格障碍与虐待有关？

心理学家在一项大规模的研究中发现：在具有边缘型人格障碍的患者中，有91%的病患报告自己在18岁之前受到了虐待，有92%的病患报告自己在18岁之前受到了忽视。另外一项研究则发现：在具有边缘型人格障碍和准自杀行为（包含严重与轻微的自杀行为）的妇女中，大约76%的病患报告在童年受到了性虐待。如果童年虐待和忽

> 视确实在大多数情况下导致了边缘型人格障碍,那么这种关联性就可以解释为什么女性病患比男性病患更多:女孩遭到性虐待的概率是男孩的2~3倍!

边缘型人格者的内心有一个信念:如果留我单独一人,没有人关心我,最糟糕的状况就会发生在我身上。所以,他们认为:我必须竭尽全力留住身边的重要他人,我要确保他们不会抛弃我;一旦他们抛弃了我,我就要让他们付出代价。

是什么原因让边缘型人格者产生了这样的信念?或者说,边缘型人格的成因是什么?

相关研究显示,基因与脑区异常都是边缘型人格形成的原因,但多数边缘型人格者并非生来如此,父母的行为模式、早年经历过创伤性事件,与其人格形成有着密不可分的联系。

如果父母本身具有边缘型人格者的特质,他们的行为模式就会影响子女,但这种人格是否具有遗传倾向还有待证实。

多数边缘型人格者早年经历过与养育者的分离,没有建立安全的依恋关系。早年体验到的孤独、被忽视、被抛弃的感觉,让他们对分离产生了严重的恐惧心理。成年之后,为了避免再次经历早年的体验,他们会不惜一切代价阻止重要他人的离开。

另外,就像我们在上文中所言:现实中被诊断为边缘型人格障碍的人,有不少人在儿童期遭遇过家暴或性侵,这样的经历与之后边缘型人格的形成有很强的关联。

83 重塑信念,理解缺席不等于抛弃

> **溺水的女孩**
>
> 有一个小女孩,在她还没有学会游泳时,就被别人从船上丢了下去。她很害怕,在冰冷的海水里挣扎,忽然看到海上漂浮着一块木头,她就紧紧地抱住那块木头,生怕被抛弃。
>
> 直到有一天,小女孩遇到了一个老人,他教她游泳,教她与人相处之道,让她重新学会信任。小女孩不再依赖那块木头,她开始靠自己的力量向岸上游,老人并未一路跟随,可她不再害怕,她会永远记得老人在自己的生命中出现过,他的教诲和鼓舞也将伴她终生。

你,看懂这个故事了吗?其实,它隐喻着一个边缘型人格者的成长历程。

很多人身上存在边缘型人格的特质,只是程度较轻而已,它不需要被彻底根除,但是要警惕和减缓这一人格特质在现实生活中造成的负面影响,如情绪和思想的极度不稳定、行为冲动鲁莽、攻击性行为等。

被抛弃的恐惧是边缘型人格者内心最大的软肋,这是因为他

们早年没能够与一个同频的、在身边的、滋养型的养育者建立健康的依恋关系，没有发展出信任感与安全感，故而内化了一个信念：世界很不安全，分离就会留下我一个人，这太可怕了。

这里牵涉到了一个心理学概念——客体恒常性。

客体恒常性，就是我们与"客体"能够保持一种"恒定的常态"的关系。简单解释就是，就算亲人不在身边，也相信他们内心依然记挂着自己；即便爱人没有即刻回复消息，或是想要独处，也不会感到沮丧。他们知道，缺席不意味着消失或抛弃，只是暂时地离开而已。

边缘型人格者由于早年遭遇了依恋创伤，使得情感发育迟缓，过多地停留在一个脆弱的时期，没能发展出客体恒常性。所以，任何分离，都会使他们再次体验到被抛弃、被拒斥、被贬低的痛苦。恐惧会触发求生应对模式，如否认、黏人、回避、报复，以此来避免被抛弃、被伤害的可能。

了解了这一层原因，有助于边缘型人格者更好地理解自身的行为模式。当潜意识里的东西被意识化以后，就能够更好地觉察情绪感受，并做出调整。

边缘型人格者可以尝试和稳定的人建立关系，重新"长大"一次。这个稳定的客体，可以是情绪稳定、人格健全的朋友或伴侣，也可以是心理咨询师。

与稳定的客体在相处中体验到正确的互动方式，可以重塑思维模式。尤其是心理咨询师，是你在固定的时间、地点，见到的固定的人，他会不加评判地理解你，理解关系中的冲突和伤害，这样的环境在某种程度上还原了早年稳定的母婴关系，可以帮助边缘型人格者重塑早年的情感体验，慢慢地做出改变。

边缘型人格者也要依靠自己的力量，彻底想通一个道理：没有哪一段关系和哪一个人是完全好或不好的，对于自己和他人，无须用非黑即白的方式去看待。

恋人之间难免会发生冲突，但这并不意味着不爱对方；有时伴侣需要独处的空间，但这并不意味着他要抛弃你；就算有一天对方想结束这段关系，也不代表是你不够好，只是两个人在价值观、需求等方面不匹配，各自选择了不同的人生道路而已。

84 感觉被抛弃时，与自己进行理性对话

> **我想变成"八爪鱼"**
>
> 我害怕被忽略，害怕被抛弃，无法忍受别人比我先说"再见"，那会让我感觉自己像是被丢弃在了荒无人烟的戈壁。我必须掌握跟他有关的所有事情、所有动态，一旦某一天他不和我联系，我就忍不住打电话追问他在做什么。有时候，我真想变成一只"八爪鱼"，用很多只手紧紧地抓住他。

边缘型人格者为了消除"被抛弃"的主观感受，总是忍不住想要掌控对方的一举一动，就像控制型人格者那样，打着爱与关心的旗号，做一些让人倍感压抑的事情。我们知道，这样的控制毫无意义，甚至会强化对方想要逃离的念头，毕竟人都需要独处的时空。

对边缘型人格者来说，首先要明白"被抛弃感"不等于现实，它只是一个主观臆想或猜测。当这个念头出现时，与其伸手去"抓"对方，不如学会与自己进行理性的对话。

○ 现实问题

男朋友告诉我，同事邀约他周末去看球，他没有提出带我一起去，我觉得自己对他来说好像并不重要，有一种被抛弃的孤独感。

○ 理性对话

有什么证据能说明我对他不重要？他只是和同事去看球，正常的社会交往是他的权利，感情固然重要，但同事关系也很重要，每个人都需要社会性支持。

○ 调整想法

周末他不能陪我，我可以给自己安排一些喜欢的事情。

85 解构负面事件,加强正向反馈

> **控制不住的乱想**
>
> 和他在一起时,或是他不间断地联系我,告诉我他在做什么时,我整个人的状态都是正向的,也觉得自己是好的。可是,一旦他不在我身边,或是发了消息不回复,我就会坐立不安,觉得他不够在意我,甚至认为自己什么都不是。

当生活中出现一些"负面"事件时,边缘型人格者习惯本能地迅速作出"负性判断",这种思维模式是需要调整的,具体的做法就是,把事件和情绪分开,重新解构"负面"事件,并加强对"正向"反馈的觉察:

○ **现实事件**

早上我和领导打招呼时,他只是"嗯"了一下,脸上写满了冷淡。

○ **负性思维**

我是不是做错了什么?他是不是对我有意见?难道是想辞退我?

○ **重新解构**

领导是不是遇到了烦心事？或者他正在思考问题，所以才心不在焉？

○ **正向反馈**

虽然领导早上表现得很冷漠，可是午休时，他跟我说话的语气很温和，还透着一丝幽默，和平日里没什么区别。也许，是我想多了，感受不一定是事实，担忧的情况也不一定会发生。

在对"负面"事件进行解构时，边缘型人格者可能会遇到一个问题：没有办法从自身的经验中找到充分的、正向的"证据"，让自己变得冷静和安心。这个时候，疑虑和焦躁就会涌现，怎么办呢？最好的解决办法就是，直接去和对方沟通。

○ **现实事件**

给朋友发消息，一连两天都没有回复。

○ **负性思维**

她没把我当朋友，压根都不在意我的感受，我既失望又生气。

○ **直接沟通**

发信息或打电话询问："你看到我发的消息了吗？我一直在等你回复，你是不是遇到什么事了？还是我做了哪些事让你心里有了芥蒂？"

○ **获得反馈**

一天之后，朋友告知，她在工作方面出了点问题，心情不太好，没有看微信；或者，她提及上次你们之间发生过的争执，说出她的真实想法和感受……无论是哪一种情形，都可以了解到事实，叫停不必要的乱想，想办法解决问题。

PART 14

消极型人格
眼里看见的全是阴影

被压抑的情感不会就此死去,

它们只是被掩埋了,

但总有一天会以更丑陋的样子再次出现。

——弗洛伊德

86 林琛：再见，自带丧气的主管

> **内心独白**
>
> 我失业了，但也终于解脱了，再也不用整天面对那个偏激、挑剔又丧气的主管。只是，我想不明白，为什么他的眼里看见的全是阴影？

林琛递交了辞职报告，虽然对这份工作心存不舍，可一想到那个满脸丧气的主管，他还是觉得这是最好的选择。远离消耗自己的人，专注精力做有价值的事，这是一种自我善待。

从性格上来说，林琛并不是难以相处的人，也没有所谓的玻璃心。如果工作方面有问题，他会虚心接受批评，并主动改进。让他难以忍受的是，新来的主管赵睿，总是揪着鸡毛蒜皮的小事，当着所有人的面指名道姓地说林琛能力欠佳，犯低级错误。就算林琛的设计得到了客户的好评，赵睿也会不屑地泼上一盆子冷水："用我的方案，会比现在更好。"

赵睿是公司领导家族中的晚辈，也是领导想培养的接班人之一。思虑再三，林琛决定辞职，他只想专注地做好设计工作，不想整天被人横挑鼻子竖挑眼，在无谓的琐事上浪费精力。在此之前，林琛也尝试跟赵睿沟通过，结果发现，对方看人看事既偏激又片面，冷嘲热讽和批评贬低是他的惯性行为。

在公司里，赵睿总是摆出一副颐指气使的样子，但凡发现谁犯了错，就会死死地抓住这个机会，直呼大名地进行批评，话语里还夹杂着羞辱。实际上，他的专业能力和素养都不怎么样，行动上没有给团队做出表率，消极抱怨的情绪却比谁都严重。

面对赵睿这样的主管，苦不堪言的不只是林琛一人，其他同事们也有很大的意见。大家都觉得，和赵睿一起共事，特别容易产生"丧"的感觉，他总是不停地贬低你，让你对自己产生怀疑；你也不敢放开手脚做事，一旦让他发现你的弱点，他定会让你颜面尽失。

好在，林琛的辞职报告已审批，他长舒一口气：再不用看赵睿那副嘴脸了！

87 消极型人格：永远在给别人挑毛病

消极状态VS消极型人格

每个人都有过消极的状态，遇到不开心的事，难免会抱怨两句、发发牢骚，看待人和事物会显得有些悲观，甚至还会变得挑剔难惹。不过，这些负面情绪会随着现实问题的解决，逐渐变淡甚至消退。然而，当这些行为的频

> 率和密度过高，变成了一种行为模式，经常批评、贬低别人，遇事就抱怨，谈话和关注点都是消极的，让身边人觉得自己好像从来都没有"做对"的时候，那就不只是消极情绪了，而更贴合消极型人格的特质。

消极型人格者，给人的感觉总是很"丧"，言行间充满了负能量，眼睛里看到的全是阴影，总是关注错误和瑕疵，把消极的事实放大，过度批评或贬低别人，仿佛只有给别人挑出毛病，才能显示出自己的优越；也有一些消极型人格者，在生活中特别喜欢散播谣言，搬弄是非。

为什么消极型人格者会做出这样的举动呢？海伦·麦格拉斯和哈泽尔·爱德华兹在《隐形人格》一书中做出了详尽的解释：

"消极型人格的人，他们总是悲观地觉得自己低人一等，因此缺乏自尊心。他们认为其他人没有看到或承认自己的价值，认为自己没有得到应有的认可，所以他们通过过度批评、挑刺儿、贬低别人或毒舌、毁人声誉甚至牺牲自我的行为来博取关注，用这种令自我痛苦和他人痛苦的方式，向所有人博取同情和尊重。"

很显然，消极型人格者对别人百般挑剔，其最终是为了博取周围人的关注，用贬损他人的方式，来凸显自己的优越感和价值感。

那么，消极型人格是怎么形成的呢？

心理学家认为，有些人从小被养育者贬低，内心处于消极状态，感受不到自我的价值。成年后，他们摆脱了原生家庭的环境，压抑的情绪得到了释放，就开始批评贬损他人。特别是在获得一定职位后，更是习惯通过权力来贬损下属，获取成就感。

88 修正底层逻辑：别人好≠我不好

爱挑剔的女孩

20岁的罗莉，看起来满脸愁容，周身没有一丝活力。自从上了大学后，她一直心事重重，原因就是室友们都不愿意跟她接近，她感觉自己被孤立了。

罗莉长得很漂亮，说话的声音也很好听，从外表上看，给人的印象还不错。当她向心理咨询师说出自己的困惑时，咨询师问她："你觉得，她们孤立你的原因是什么？"

罗莉沉默了片刻，刚想开口，却又止住了。咨询师留意到了这个细节，鼓励她说："你来咨询，不正是希望获得帮助吗？我需要了解室友为什么孤立你，就我目前看到的，你是一个很讨人喜欢的女孩子。"

大概是这番认可给了罗莉信心，她开始向咨询师讲述自己的经历。

高中时的罗莉是学霸，凭借优异的成绩考入现在的这所重点大学。可是，进了大学后，她发现这里的优秀者太多了，自己身上的那点光芒变得微乎其微，她不适应，也不甘心。

不久前，学校举行了一场服装设计赛，这是她的强项。同样喜欢服装设计并参加比赛的，还有同寝室的女孩朱迪。起初，罗莉并没有太在意朱迪，但比赛的结果出来后，她发现朱迪获得了特等奖，且将代表学校去参加全国的比赛，而她只拿到了一个优秀奖。

罗莉受了打击，满心怨气。在她看来，朱迪的水平远不及自己，于是就话里话外地给朱迪挑毛病。一开始，朱迪还与她争辩，后来干脆就不说话了。寝室里的其他同学，也感觉到了罗莉的傲慢与不屑，有个女孩私下提醒过罗莉："你说话也太难听了，总觉得谁都不如你！别人做什么都不对、都不好，你那种充满挑剔的语气，让人特别不舒服。"

咨询师问罗莉："在你知道朱迪获得特等奖时，你是什么感受？"

罗莉说："我生气，然后……也嫉妒她。"

咨询师又问："在给别人挑毛病的时候，你是什么感受？"

罗莉说："心里会舒服一点，因为挑出毛病就证明对方没那么好。"

咨询师引导罗莉思考："要是对方没那么好，你有什

> 么感受?"
>
> 罗莉低声地说:"那样我会感觉……我是好的。"

心理学家维雷娜·卡斯特在《羡慕与嫉妒——深层心理分析》一书中,详细地分析过"嫉妒文化":嫉妒的心理会在很多人身上不经意地发生,但很少有人主动承认自己嫉妒过别人。因为我们很多时候只看到自己要嫉妒的"对象",却搞不清楚自己嫉妒他人的"原因"。事实上,嫉妒通常源于我们对自身价值的不信任。

从表面上看,消极型人格者总是挑剔、批评、贬低他人,其实这种对他人的不满,是因为自己的需求得不到满足而发泄出来的不良情绪,是由于自卑而引起的心理失衡。罗莉对室友朱迪的嫉妒、贬低、挑剔,都是源自同一个底层逻辑:承认"你的好"就意味着"我不好",唯有让"你"显得没那么"好",才能凸显出"我的好"。

如果你觉察到自己身上也有消极型人格的影子,那么你需要修正一下自己的底层逻辑:贬低别人无法抬高自己,承认别人的优秀也不会妨碍你的成功。把蔑视别人的目光和言语换成积极的对话,比刻薄的评判、伤人的羞辱,更能袒露你有力量的一面。

89 怎样应对身边的消极型人格者

> **令人难忍的"讨厌鬼"**
>
> 工作组里有一个爱挑刺的同事,真是讨厌至极,无论什么样的提议,在她眼里都是有问题的,可也没见她提出有建设性的策略。工作累点儿倒可以接受,但每天面对这么一个多嘴多舌的讨厌鬼,真是闹心至极!

消极型人格者喜欢挑刺和指责,这是他们的人格特质,对所有人、所有事都是如此。为了那些莫须有的问题生闷气,耗损宝贵的时间和精力,得不偿失。如果身边有消极型人格者,在与之相处时,要特别注意以下几个问题:

○ **尽量不跟消极型人格者单独相处**

遇到消极型人格者,敬而远之确实是一个办法,但有些时候迫于现实压力,我们不得不跟这样的人打交道。如果是在工作场合,可以尽量避免和消极型人格者单独待在一起,有其他人在场时会稀释他们的消极表现。

如果对方的言行让你感觉不舒服,可以找与对方关系密切的人来转述自己受到的影响,旁敲侧击地提醒对方注意自己的言行。同时,这样也能够让其他人知道,消极型人格者所说的话不能尽信。

○ **用积极对抗消极，用行动对抗挑剔**

在处理工作问题时，如果消极型人格者对你提出了批评，你可以先承认事实，并且拿出今后处理此类问题的策略，提出比对方更加周全的计划，比如："你说得有道理，下班之前我会做出两个模板，选择最适合的一版，今后全部按照这个统一的标准来做。"

○ **用新的关注点转移对方的注意力**

当消极型人格者在你面前喋喋不休、抱怨不停，或是传播其他人的消息时，你可以这样回应："我们别这么消极了，想想怎么解决问题，今后该怎么避免同类情况发生。"或者说："你说的这些问题，他的身上的确存在，但每个人都有不足啊！"这样的话，就避免了消极型人格者就一个问题纠缠，你提出的新的关注点，可以转移他的注意力。

看事物要看本质，消极型人格者之所以毒舌、悲观、挑刺，其最根本的原因是他们缺乏自尊和理性的思维。在适当的时机下，不妨帮助消极型人格者找到自身的闪光点，让他们感受到自己的重要性，看到自身的价值所在。当他们感到被认可，消极的行为也会减退。

PART 15

被动攻击型人格
裹着敌意的糖衣炮弹

被动攻击其实是"自我攻击"的一种变体,
愤怒的情绪已经在实施之前伤害了被动攻击者
本身,才会转化成指向外部的攻击。
——大将军郭

90 筱玉：伤人的"绝世好丈夫"

内心独白

> 提起他，我的内心既有愤怒，也有无奈！愤怒的是，他的某些行为破坏了我们日常生活的秩序；无奈的是，他表面上做出妥协与顺从的姿态，实际上却在用"非暴力不合作"的方式与我对抗，悄无声息地伤害着我。

在别人眼里，他是一个难得的"绝世好丈夫"，脾气特别好，待人礼貌又温和。这一点我也承认，恋爱三年，我们之间没有红过脸，我也觉得他是个靠谱的人。结婚后，他也是一如既往地保持着好脾气，可是让我难受的，也恰恰是这份"好"。

生活里的琐碎之事，对人的消耗是很大的。我们平时都要上班，只有周末才能进行大扫除。可是，周末一起床，他就开始打游戏，根本看不见有家务要做。见我不高兴，他就连忙认错，说自己不对，不该只顾着玩游戏。

可是，说了又有什么用呢？昨天是周六，半夜我醒来，发现他又在客厅里打游戏！通宵打游戏的结果就是，周日睡懒觉，叫他起床，他也只会嘴上说："好，我待会就起，你别着急……"等再睁开眼，已是三小时之后了。

每次加班，我都会打电话告知，让他做晚饭。他从不反驳，可是他做完饭后的厨房，简直是狼藉一片，收拾起来比做一顿饭花费的时间还长……其实，很多事情都是可以一边做一边收拾的，我也跟他说过很多次。

说起来全是细碎的小事，可正是这些小事串联起了日复一日的生活，也正是这些细碎之事让我越发感到疲惫。我现在最难以接受的是，明明商量好的事情，他不是忘了做，就是拖拖拉拉；很简单的事情，他都会搞砸……为了这些事，我发过脾气，可他似乎"刀枪不入"，永远都是一本正经地说"我错了""是我不对"，看起来就像我在无理取闹。

91 被动攻击型人格：我有不满，但我不说

我是这样表达愤怒的……

> 我从来不会与人进行正面交锋，也不会在对方发火时用言语回击，但这并不代表我内心没有愤怒，我只是更习惯用迂回的方式表达自己的不满。前几天，爱较真的女上司让我写一份新闻稿，我一直拖着，就算脑子里有想法，我也说暂时没想好……看她急得像热锅上的蚂蚁，我觉得特痛快。我真想看看，她在老板面前夸下海口却又没做到的窘态！

心理学将"攻击"分为两种，一种是主动攻击，另一种是被动攻击。

被动攻击，也称隐形攻击，即用消极的、恶劣的、隐蔽的方式发泄愤怒情绪，以此来攻击令自己不满的人或事，其表现形式有很多，如：表面上顺从，私下却以不配合、随意敷衍、拖延等方式阻碍工作的正常进行；在别人表现出色时，不给予赞赏和表扬，反而鸡蛋里挑骨头；经常性地不遵守时间规定；很简单、很容易兑现的承诺，却总是失信于人。

通常来说，被动攻击的发起者在权力和地位方面不占优势，他们害怕发生正面冲突，因而不敢或不愿违背对方的要求，只好在表面上呈现出顺从的姿态。但是，他们内心的抗拒是真实存在的，这份不满和压抑也需要释放，而释放的形式就是在背地里进行破坏性的工作。

被动攻击的倾向是一种不成熟的自我防御，当事人无法用恰当的、有益的方式表达自己的负面情感体验，他们明明积压了许多不满和怨恨，却不愿坦坦荡荡、落落大方地说出来，而是采取只有自己才清楚的、将事情越弄越糟的隐蔽方式——不合作、拖延、强词夺理、不守承诺等行为，来获取心理上的平衡。

很显然，这样的行为模式解决不了任何问题，它无法让别人了解你（被动攻击型人格者）的真实感受，之后可能还会继续以同样的方式对待你（被动攻击型人格者）。更糟糕的是，这种被动攻击，很容易破坏人际关系。

92 识别被动攻击者的三大"隐秘武器"

来,做个小测试!

- 我认为大部分的主管是不称职的。
- 我很难接受屈从于人。
- 我经常故意拖延,因为我对分派的任务有意见。
- 别人指责我总是气呼呼的。
- 我曾经故意不参加活动,然后撒谎称自己不知道有这回事。
- 如果身边的人招惹我,我会从此疏远他,但不会告知原因。
- 如果别人对我提出要求时态度不够和善,我是不会配合他的。
- 我有过在工作上"蓄意捣乱"的行为。
- 别人越是催我,我越是拖延。
- 我一直都对上司或主管心存不满。

如果以较为轻微的方式表现出了上述的某些而非全部特征,那么你可能存在被动攻击型人格的特质。注意,只是有被动攻击型人格的倾向,而不是被动攻击型人格障碍!

被动攻击型人格者有三大"隐秘武器",最常见的是拖延,另外两个不太容易被觉察,在此我们有必要说明一下:

○ **被动攻击武器1：拖延**

拖延很容易理解,就是表面上答应了一件事情,最后却不去做,或是推迟去做的时间。比如,不满领导的安排,就拖延他交代的工作事项,不想陪朋友去逛街,就有意无意地制造迟到,这都是在以被动攻击的方式表达不满。

○ **被动攻击武器2：依赖**

这一被动攻击武器经常发生在父母和子女之间,有些父母将自己的全部期待都寄托于孩子,依赖孩子帮自己实现,这是一种不负责任的行为,也是对孩子的一种隐形攻击。尤其是当孩子的行为没有满足父母的期待时,孩子会产生强烈的内疚感。

○ **被动攻击武器3：疾病**

从心理学的角度来说,生病也有让人"获益"的效用。有一位男士承载了家人的期望,家人都希望他能成为家里的顶梁柱。可是,他的身体经常会出现一些问题,阻止他取得更大的成就。后来,他在咨询中提到,其实自己对父母是有恨意的,因为他为家庭付出了太多,当这种恨与愤怒无法表达时,生病就可以帮助他拒绝父母对自己的期待。

看到这里,你可能会意识到,被动攻击的方式真的很隐蔽,隐蔽到有时连自己都想象不到。无论怎样,主动了解有关被动攻击的情形,有助于我们更好地觉察自我、洞察他人的行为,从而进行有效沟通,化解冲突与矛盾,建立起合作型的人际关系模式。

93 被动攻击型人格是怎么形成的

> **几时的记忆**
>
> 小时候，每到周末我都想出去玩，看着院子里跑跑闹闹的同龄小孩，我充满了羡慕。记得有一次，我考试只得了82分，妈妈特别生气，狠狠地批评了我一通，还告诫我——"以后别再惦记着出去玩，老老实实在家学习！"我不敢顶嘴，不敢抗议，只能在书桌前磨磨蹭蹭地写作业，或是望着窗外发呆。

心理咨询师大将军郭曾指出，被动攻击其实是一种"自我攻击"的变体，愤怒的情绪已经在实施之前伤害了被动攻击者本身，才会转化成指向外部的攻击。

被动型攻击人格，其实就是以被动的方式表现出强烈的攻击倾向，他们内心充满了愤怒和不满，却不直接将负面情绪表达出来。当他们拖延、敷衍、失信、不合作时，其实就是在传递一个声音：你让我不舒服，我也不让你好受！

那么，这种被动攻击的行为模式是怎么形成的呢？

不少被动攻击型人格者在成长过程中，受家庭观念的影响，不被允许表达负面情绪，否则就会招来惩罚或批评。情绪是一种能量，不可能无缘无故地消失，如果在意识层面被压制了，潜意识就会想办法释放它——逃避、遗忘、拖延、粗心大意，以被动攻击的形式来表达不满。

当这种行为模式成为习惯后，一个根深蒂固的观念也随之形成：我必须拒绝任何人想要控制我或影响我行为的企图，即便他们有权这样做。有时候，一个人太能干、太强大、太成功，会威胁到我，我不得不让他们付出代价，只是我要处理得巧妙一些，不给他们抓住我、反击我的机会。那样的话，我的面具就会被揭开，我无法在公开的冲突中保证自己的安全。

94 如何修正被动攻击的行为模式

怒气与攻击

瑞士女心理学家维雷娜·卡斯特在她的著作《怒气与攻击》中提出这样的建议：

"我们每个人都应该问一问自己：你是否通过语言、态度、姿势等伤害过别人，在这样做时装作若无其事甚至和颜悦色？如果你经常这样做而自己并未意识到，那么，你就应该反省一下自己，看看你的自我定位是否出现了偏差，你同别人的关系有哪些不正常。"

被动攻击是一种不成熟的自我防御，因为它没有从根本上解决问题。那么，怎样才能避免这样的情况发生呢？或者说，怎样才能减少用被动攻击的方式处理问题呢？

○ Step1：识别被动攻击的行为模式

当有些问题"被看见"了，就有了理解和改变的可能，怕就怕意识不到问题所在。通常来说，被动攻击主要有以下几种典型模式：

（1）否认愤怒——我很好，没关系。

（2）口头顺从，行为拖延——我打完游戏就去工作。

（3）停止交流，拒绝沟通——你说得对，就听你的。

（4）故意降低效率——我做报表了，但没想到你是要最近一个月的。

（5）规避责任——我以为这是XX负责的。

（6）忘记重要的事——我忘了检查细节。

也许，在过往的日子里，你不知道自己为什么会出现上述情景，但现在希望你能够意识到，它们可能是一种信号，提醒你内心对某人或某事存在不满，你要重视它。

○ Step2：认识到自己为什么会有被动型攻击行为

被动型攻击者之所以会选择用隐蔽的方式进行攻击报复，多是出于以下几方面原因：

（1）不擅长坚定立场，不知道如何在冲突中维护自己。

（2）在控制他人的过程中，看到他人垂头丧气或失望，会感到满足。

（3）有强势严厉的、控制欲强的父母，幼小时无力反击。

长大后重演童年的剧本，选择用隐蔽的方式进行反击。

（4）在自我期待和外界期待之间存在落差，知道自己不足所在，却不愿承认。

（5）被嫉妒和恨意吞噬，无法与人争高下，就想搞垮别人又不被反击。

○ **Step3：尝试接受自己的愤怒，学习解决冲突的技巧**

威斯康星大学绿湾分校心理学博士瑞安·马丁，长期致力于对愤怒的研究。他在TED演讲中提到：愤怒这种情绪并非"问题"，而是一种提醒。当我们愤怒时，要思考一下，到底是什么让自己如此生气？是对方强势的态度，对自己的不尊重，还是其他问题？无论是哪一种，当我们能够正视愤怒时，就对自己有了更深入的了解。

与此同时，还要学习解决冲突的技巧，用温和而坚定的态度与人沟通，坚持自己的主张。

想要立刻改变被动攻击的行为模式，并不是一件容易的事，毕竟它已经成为一种自动的习惯。不过，正如我们前面所说，在意识到有些言行可能是被动攻击时，可以尝试向信任的人表露情绪。心理学研究证实，当我们能够坦诚地表露自己的感受时，不但不会损害关系，反而会促进彼此的情谊。

95 怎样和被动攻击型人格者相处

"健忘"的同事

> 同事很健忘，总是耽误重要的工作。让他起草一份重要的文件，他嘴上说"保证没问题"。可第二天你向他索要文件时，他却告诉你："真抱歉，我把这件事给忘了！我现在就去办。"他看起来很真诚，满怀歉意地去补办，可工作还是被耽搁了。要命的是，他不止一次这样。

被动攻击是一种抵抗性行为，表面上看似乎无伤大雅，可时间久了就会发现，那都是他们的借口，一忍再忍不是办法。那么，该如何与被动攻击者沟通呢？

○ **收起命令的姿态**
被动攻击型人格者对他人的轻视很敏感，如果你摆出一副颐指气使的姿态，向他们提出要求，会立马激发他们的敌意。相反，以温和友好的态度与他们沟通，反而更容易达成一致。

假如你想让对方今天完成一份报告，而他手里的工作已经有很多。此时，你可以这样表达："我知道你的工作已经排得很满了，可是这份报告很重要，你看能否协调一下，今天把它做出来？"这种方式给了对方一定的自主权，也显示了对他的理解和尊重。

○ 避免说教式的批评

被动攻击行为是一种反抗权威的方式，因而被动攻击型人格者很讨厌说教式的批评。所以，在对被动攻击型人格者进行批评时，要摒弃评判好坏的道德高论，如"你这个人就是很自私""你的做法很不好"。你可以向对方描述自己所指行为的后果，如"你这份策划案递交得有点儿晚，这影响了整个团队的工作进度，也让我作为乙方的代表很被动"。

○ 主动询问对方的想法

如果对方是被动攻击型人格者，看到他们阴沉着脸、做事效率低下时，不要视而不见。他们的这些行为通常是在昭示"我有话要说"，如果你对此毫无觉察，或是装作若无其事，对方就会变本加厉。与其如此，不如在刚发现对方出现类似赌气或暗中报复的迹象时，就主动去询问对方的想法，这样对方就无法安然于被动攻击行为，可以更坦率地说出感受。

○ 提醒对方做出调整

当被动攻击型人格者在工作上表现出消极怠慢时，可以适当地提醒对方，让其做出行为调整。

打个比方："这几天，我感觉你的工作兴致不太高，我让你搜集的资料、统计的数据，你都没有给我。我开会时说过，如果对工作安排有异议可以提出来，但你当时没有说。可能你不太喜欢做一些事务性的工作，觉得太过琐碎、不能体现个人才华，但团队协作的事项，需要个人做好指派的任务。如果你想继续和团队一起完成这个项目，我希望接下来的这段时间，你能够按照要求把该做的事情做好……"当然，这样的一番谈话未必能够解决所有问题，但总好过视而不见、自己生闷气，或是陷入相互报复的恶性循环之中。